JN181797

海苔をまいにち食べて健康になる

農学博士 大房 剛 著

はじめに

日本人の中には、「海苔が嫌い」という方がほとんどいない不思議な食品であるばかりでなく、植物としてのノリも不思議な一生を過ごし、植物らしからない動きもまま見られています。

そんな変わり者でありながら、日本人には昔からその価値が認められていましたし、日本人の健康維持にも大変な貢献をしていた、とも考えられます。

こんな海苔を、いま一度見直し、その価値を知って頂きなおそうと考え、この本をまとめました。海苔業界の方々はもちろんですが、栄養士・調理師の皆さん、日本料理や寿司の業界に関係しておられる方々にも手にとって頂き、海苔を大いに利用して頂いて、日本人一人ひとりが生涯の最後の日まで、健康で幸福な日々が過ごせるような食生活を創り出せるようにするお手伝いが出来ればと切望してやみません。

最近、海苔は寿司とともに世界に拡がっています。韓国・中国でものり養殖が盛んに行われるようになり、日本以上の生産を上げるようになっている国もあります。同時に、それぞれの国では、いろいろな形に料理して食べられています。それらについてもご紹介したいと考えています。

しかし、海苔の業界もコメと同じように、生産者の老齢化や後継者の不足に悩まされているばかりでなく、韓国や中国から輸入される海苔によって、価格の低迷に追い込まれています。今や従来からの生産形態から脱皮し、流通の流れを改善せざるをえない時期になっています。海苔の機能性を世界に拡げながら、日本の海苔を世界の方々に食べて頂けるような体制作りも必要になっています。このような新しい体制作りについても、私見を述べさせて頂きたいと思います。

なお、この本では、生きているのりを「ノリ」、乾燥して製品になったのりを「海苔」、特に区別がつかない全般的な場合には「のり」と表して、皆さんに理解して頂きやすくしておきました。

2013年　秋

大房　剛

目　次

第一章　ノリは本当に不思議な生き物

第二章　海苔をまいにち食べて健康になる

第三章　誰もが知りたい海苔のマーケティング

第四章　世界中で食べられている海苔

第五章　これからの海苔養殖はどうすればいいのか

本文中の写真／大房　剛

第一章

ノリは本当に不思議な生き物

本論に入る前に、ノリの不思議さをいくつかの例を挙げながらお話しておきたいと思います。

貝殻の内側に潜り込んで夏を越しているノリ

日本でノリの養殖が始められたのは、江戸時代1673～1680（延宝1～8）年の頃と言われていますので、すでに300年余り前のことになります。秋の彼岸の頃に、東京湾・品川の海に葉をおとした木の枝を束ねた「そだひび」を浅い砂地の海に立て込んでおくと、どこからともなくタネが流れついてノリにまで育ってくれることが分かってからのことです。

しかし、そのそだひびについてくれるノリのタネがどこから流れてくるのか、秋の彼岸の頃までノリがどのようにして夏を越しているのか、は分かっていませんでした。それが分かったのは1949（昭和24）年になってからでした。イギリスの海藻学者ドリュー女史が貝殻の内部に入り込んで、ごく細い糸のようになっている海藻がノリの夏を越す姿であることを見つけ出してからのことです。

カキの殻を思い出して下さい。たった一個の細胞でしかないノリの胞子は、あの内側のスベスベした硬い真珠層に穴を開けて内側に入り込み、そこで育ち夏を過ごしているのです。

しかも、秋の彼岸の頃になると、糸状の体に上にできた胞子の袋が表面近くにまで立ち上がってきて、再び硬い真珠層に穴を開け、ノリになる胞子を送り出しているのです。

たった一つの細胞でしかない胞子が、どのようにして真珠層に穴を開けているかは、まだ分かっていません。もし、人間が穴を開けようとするならば、手についたりすれば火傷《やけど》しかねないような強い酸、例えば塩

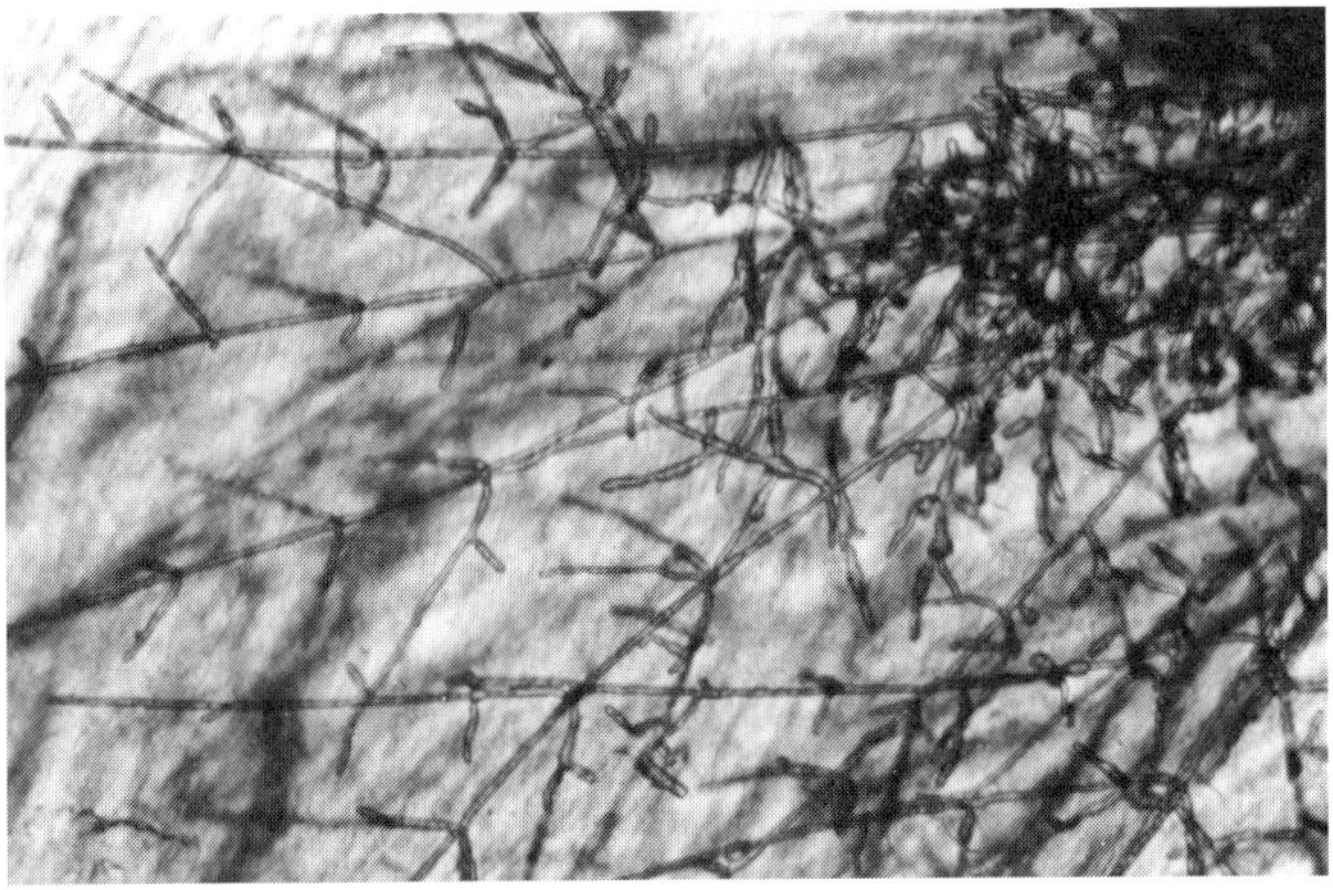

ノリは貝殻に穴をあけて内部に入り込み、糸状の姿になって夏を越している。

酸などを使わなければならないのです。それなのに、ノリの胞子はヤスヤスと真珠層を溶かして内側に入り込んだり、外側に胞子を送り出したりしているのです。

たった一つでしかないノリの細胞のどこにこんな力を秘めているのでしょうか。ノリは本当に不思議な生き物なのです。

貝殻の中で夏を越した糸状のノリは、秋の彼岸の頃に胞子を作りますが、このような動きは、ノリが水温と毎日の日の長さの変化を感じ取って起こるのです。ですから、部屋の中で育てている場合には、毎日光を与える時間を8時間におさえ、水温を18度にまで下げれば、真夏でも2週間後に胞子を作り始めます。逆に、毎日16時間光をあて続けますと、秋になっても胞子はできなくなってしまいます。

生まれてから10日余りで子供を作る

貝殻の中で夏を越したごく細い糸状の姿をしたノリは、秋の彼岸の頃から新しい胞子を出し始めます。

貝殻から胞子が出されるのは、朝の光が当たり始めたごく暗い頃からですが、その胞子が網などにつけるようになるためには、千ルックス以上のやや強い光が必要になります。

ビニールの小さい袋の中に夏をこした糸状のノリが育っている貝殻を入れ、30枚ほどに重ねた網の下に吊るします。貝殻から出た胞子は、自分の力で網についてくれるのです。数時間かけてしっかりと網についた胞子は、やがて分裂を始め二つになり、その数を増やして行きます。

しかし、分裂する速さは2日間に3回程度、決して速いものではありません。このノリ芽が生長を始めて10日から14日たちますと、そのノリ芽の大きさは、まだ虫眼鏡では見えず、顕微鏡でなければ見えないほど小さなものですが、ノリ芽の先の方の細胞一つひとつが、四角く区画整理されたような形に変わります。これがメス・オスの区別がない無性の胞子で、ノリ芽から出ると近くの網などにつき新しい芽に育っていきます。

ですから、のり網の上には、親芽が育ち、その下に二次芽になる胞子がつき、その胞子が育ち始めて10日から14日がたつと、その芽の先の細胞が胞子に変わって芽から離れ、新しい三次芽となります。

といった具合に、約2週間おきに新しい芽がつくられ続けていきますので、のり網の上には、代々のノリ芽が数を増しながら、順についていきます。親芽が摘み採られますと、下についている二次芽が伸びて、二回目の摘みができるようになり、さらにその下芽が伸びてきて、三回目の摘みとなります。

摘みの回数が増えますと製品の質は次第に悪くなり、硬い海苔になってしまいます。年末近くになると、海苔屋さんの店先に、「新海苔売り始め候」との張り紙が見られるようになりますが、やわらかく味の良い海苔は、やはり最初に摘まれたのりなのです。

カラカラに乾いても生き続けている

潮が引いている時に海に行きますと、岸壁の上の方に、幅30から50㎝ほどの黒い帯が見られます。カチカチになっていますので、生き物とは思えないかも知れませんが、海水をかけるとノリに戻ってくれます。

このように、海でノリの仲間は、引き潮の時に長い時間乾き上がってしまうような場所に生きているのです。

しかし、部屋の中でガラス器具に入れて育てますと、海水に浸かったままでも元気に育ってくれるのです。

自然の海水の中には、目には見えませんが、無数の珪藻《けいそう》など多くの生物が生きています。その中には、他の海藻や網などについて数を増していく仲間も多いのです。これらの仲間は、一日に何回も分裂して数を増やしていきます。それに対して、ノリは2日間に3回ほどしか分裂しません。網や岸壁についた1個のノリの細胞が2個になり、4個になって行く間に、珪藻などの仲間は、確かにその一個は小さいのですが数が多く、それぞれが盛んに分裂して数を増していきますので、育つ速さが遅いノリの芽は、珪藻などの群れに覆われてしまい、生きていけなくなってしまうのです。

ある時間海水から出て乾いてしまうような場所では、乾燥に弱い珪藻などの仲間は死んでしまいますが、そんな条件のもとでも生き抜いていけるノリは、頑張って生き続けてくれるのです。

引き潮の時に何時間も乾いてしまうような厳しい環境、ノリも好きではないのです。しかし、珪藻などに負けてしまうようなノリが生き残るためには、心ならずも、こんな所まで逃げ上がらなければならないのです。たとえ、成長が遅くなっても、敵が生きていけないような場所を選ばなければならないのが、ノリの宿命なのです。

青魚に多いＥＰＡも含む海苔

ＥＰＡ（エイコサペンタエン酸）は、ヒトの体の中では作れない成分の一つなので、食物から摂り続けなければなりません。悪玉コレステロールを減らし、善玉コレステロールを増やして、血液をサラサラにし、脳卒中・高血圧・動脈硬化・心筋梗塞などの発症を予防する働きがあります。

１００ｇ当たり、生のさばには１６００㎎、まぐろには１４００㎎、まいわしには１２００㎎と背中の青い魚にたくさん含まれています。しかし最近の日本人は、まず魚を食べなくなってしまいました。その上、煮たり、揚げたりしますと、せっかくのＥＰＡが煮汁や揚げ油に溶け出してしまいますので、利用できる量は少なくなってしまいます。

しかし、必要な量は一日に１ｇとされていますので、できる限り多くの食物からＥ

ＰＡを摂る努力をしなければならないのです。

ＥＰＡを含んでいる植物系の食品はめずらしく、のり・わかめ・まこんぶなどに多く含まれているだけです。海苔について見ますと、一枚当たり約０・02ｇ含まれています。たしかに、この量は多いものではありませんが、最近のような「魚ばなれ」が進んでいる食生活の中では、どんな食品からでも、少しずつでも摂っていくことが大切になっているのではないでしょうか。

ここで、65歳以上の日本人の死亡原因を見ますと、１位ががんとなっていますが、2位に心疾患が、３位に肺炎や脳血管疾患が入っています。血管の老化に関係した原因が2位と3位になっていることからも、若いころから、毎日できる限り多くのＥＰＡを摂るように心がけ、年をとっても血管が若い頃と同じようなやわらかい状態に保てるよう努力すべきなのです。

たしかに、含まれている量は少ないものですが、海苔に含まれているＥＰＡも大いに活用して頂きたいものです。

植物で唯一イノシン酸を作る

ここからは、食べる海苔の話になります。海苔の美味しさの一つイノシン酸は、かつお節の旨さです。動物の筋肉の中には普通に含まれています。しかし、植物の中でイノシン酸が作れるのはノリだけなのです。海苔には、イノシン酸ばかりでなく、昆布の旨さの素であるグルタミン酸、しいたけの旨みの素であるグアニル酸も含まれており、あのふくよかな味を創り出しているのです。

当然ですが、美味しい海苔にはこれら三つの成分がより多く含まれており、まずい海苔に含まれている三つの量は少なくなってしまいます。ところが、多くの量が含まれていても、旨味の成分が溶け出し難い海苔もあるのです。海苔の美味しさを決めている条件としては、含まれている量ばかでなく、溶け出してくる美味しさ成分の速さ・量も大切になっているのです。

日本で、産業的にイノシン酸が造られるようになったのは1945(昭和20)年です。その後、昆布の美味しさであるグルタミン酸とかつお節の旨さ、イノシン酸を混ぜると、非常に美味しくなることが分かりました。今、販売されている食品のほとんどはこの二つの旨みが上手に使われているのです。その比率もグルタミン酸に対してイノシン酸を10％程度混ぜると最も美味しくなるとの結果も出されました。

昔から、日本料理では、昆布のだしとかつお節のだしを混ぜる方法が知られていたのですから、これが科学的に確かめられたことになります。

海苔は美味しかったからこそ、多くの人々から愛されたばかりでなく、長い間、大切に守られてきたのです。その美味しさの秘密が海苔には隠されています。海苔が美味しい原因があったのです。

不思議なことに、海苔に含まれているグルタミン酸とイノシン酸量の比率は、ほぼ10：1近くとなっています。我々が一番美味しく感じる比率を、海苔はどうして知ったのでしょうか。自然の知恵のすばらしさばかりでなく、不思議さを感じざるをえません。

あっという間に湿ってしまう海苔

海苔にとって、湿り気は大敵なのです。目安ですが、海苔に爪をたてた時に、すぐにパリンと割れ、硬さを感じるようであれば、海苔に含まれている水分含量が3～4％以下です。爪をたてても割れにくくなった海苔は5～6％、やわらかさを感じるようになった海苔は7～8％、腰がなくなり、湿り気が感じられるようになれば、その海苔の水分含量は9％以上になっている、と考えて下さい。

海苔を美味しく召し上がって頂くためには、水分含量を3～4％以下に保って頂きたいのです。それ以上にまで湿らせてしまいますと、風味が悪くなったり、栄養成分が少なくなったりするスピードが速くなってしまうのです。

例えば、海苔に含まれているビタミンCです。20度で保存した場合、爪を立てたときに割れにくくなる水分含量の6％でも、4週間で79％、8週間で67％になってしまいます。4％以下にまで乾燥させておけば、8週間たっても80％前後とあまり変化していません。

では、海苔を湿度55％の部屋に置いた時、重さはどのように変わるのでしょうか。海苔は空気中の水分を吸い込んで重さを増していきます。４分間で1.2％、10分間で2.3％も増えていくのです。たかが2.3％とお考えになるでしょうが、何時までも美味しく楽しめる３～４％であった海苔が、5.3～6.3％になってしまうのですから、保存できる期間は３か月程度になってしまうのです。

一番悪いのは、お料理をしてみたら、一枚余ってしまったから、とその湿った海苔を袋に戻すことです。袋の中の乾いている海苔全部に湿り気が移ってしまい、すべての海苔の寿命を短くしてしまうのです。そこで何時も使う海苔は小分けの袋に分けておき、両方の袋を冷蔵庫に入れるようにしましょう。

第二章

海苔をまいにち食べて健康になる

ここでは、海苔に含まれているミネラル・ビタミンそして健康の維持に役立つペプチド・ポルフィランなどの有効な成分についてお話しましょう。

新型栄養失調からの反省

最近、新型栄養失調が増えているとの記事が目につくようになりました。

これだけ豊かな食生活を送っている中で、栄養失調など起こるはずがないと考えるのが普通です。しかし実際には、からだがだるい・ふらふらしてめまいがする・顔がむくむ、といった症状を起こしている方が多くなっているのです。これが新型栄養失調です。しかも、高齢者の中の20％の方々にこのような症状が起こっているばかりではなく、若い男女の間にも増える傾向が見られているのです。

これは、毎日きちんと朝ご飯を食べていなかったり、高血圧を予防するためにコレステロールの量を減らそうと、あまりにも野菜中心の食事にして、「粗食が健康に良い」と肉類をほとんど食べていないお年寄り、コンビニの袋菓子とソフトドリンクを食事の代わりにしている若者の皆さん、ダイエットのために、肉や卵・乳製品を食べないで野菜ばかりを食べている若いお嬢様方、このような食生活を続けていると、タンパク質不足になって、新型栄養失調になってしまうのです。

どうも、日本人の中には、すぐに極端な方法に走ってしまう方が多いようです。肉が……と言われると、完全に肉を断ってしまったりする反面、テレビで何かがが良いと放映されたとたんに、スーパーにその品物が品切れになったり、と極端から極端に走りがちなのではないでしょうか。

年をとっても元気にご自分の生活を楽しみ続けておられる方の多くは、肉が好きでよく食べている方々なのです。どんなものでも、摂り過ぎれば問題が起こってしまうのです。やはり、色々な食品を食べるように心がけ、バランスのとれた食生活を続ける必要があるのです。

しかし、一人ひとりの食生活の内容を見て行きますと、その家庭の主婦が過ごしてきたそれまでの食生活や、ご自身の好みによって、どうしても一つのパターンが出来てしまいます。その結果、ビタミンやミネラルの中で不足しがちな成分がでてきているものです。海苔には、ビタミンDを除いてすべてのビタミンやミネラルが含まれているので、まいにち食べて不足しがちな栄養成分を補って頂きたいと思います。

海苔のタンパク質

海苔100gの中には、タンパク質が40・9g含まれています。タンパク質の宝庫と言われているほどの大豆でも、タンパク質の含有量は100g中に33〜35gですから、海苔に含まれている量がいかに多いのかがお分かり頂けることと思います。

タンパク質は、体の中に摂り込まれ、筋肉や臓器を作る原料になる大切なものです。しかし、他の動物や植物のタンパク質を摂り込んでも、そのままではヒトには利用できません。摂り込んだタンパク質を、一つひとつのアミノ酸にまで分解してから、ヒトが利用できる配列に組み替えなければならないのです。

この時、そのタンパク質を作り上げているアミノ酸の種類とバランスが大切になるのです。その中でも、9種類のアミノ酸がヒトの健康を保つためにぜひとも必要であり、毎日食物から摂り込み続けなければならないのです。しかも、9種類のアミノ酸にはそれぞれに必要な量が各国の協議によって決められています。

ここでは、1985年にFAO／WHO／UNU（国際連合食糧農業機関・世界保

表1
海苔と納豆のアミノ酸組成とアミノ酸値の基準値との比較

	基準値(mg)	海苔		納豆	
	Ⓐmg	アミノ酸組成 Ⓑmg	アミノ酸値 ⒸB/A	アミノ酸組成 Ⓓmg	アミノ酸値 ⒺD/A
イソロイシン	180	250	138	260	144
ロイシン	410	440	107	440	107
リジン	360	310	86	390	108
含硫アミノ酸	160	240	150	190	119
芳香族アミノ酸	190	430	226	540	138
トレオニン	210	290	38	210	100
トリプトファン	70	77	110	84	120
バリン	220	380	173	290	132
ヒスチジン	120	87	72	170	142

含硫アミノ酸：メチオニンとシステインの合計

芳香性アミノ酸：フェニルアラニンとチロシンの合計

健機関・国際連合大学）によって決められた数値を取り上げました（表1・Ⓐ）。これ以上の数値のアミノ酸が含まれていれば問題がなく、完全なタンパク質となりますが、一つでもこの数値以下のアミノ酸があれば、問題があるタンパク質とされてしまいます。

例えば、表の一番上のイソロイシンは、海苔では250㎎ですが基準値は180㎎ですから、含まれている量を基準値で割ったアミノ酸値は、138と十分な量が含まれていることになります。しかし、三番目のリジンは、含まれている310㎎に対して基準値は360㎎となっていますので、アミノ酸値は86と不足しているのです。また、一番下のヒスチジンも海苔に含まれている87㎎に対して基準値は120㎎となっていますので、アミノ酸値は72と、これも不足しているのです。

しかし、海苔のタンパク質は、非常に質が良くすぐれた内容であることは確かです。

次に、納豆についてみることにしましょう。一番少ないトレオニンでも基準値と同じ210㎎となっていますので、アミノ酸値は100となり、すべての必須アミノ酸が必要なだけ含まれているのです。

そこで、海苔と納豆を一緒に摂ればどうなるのでしょうか。海苔に不足しているリジンとヒスチジンが、それぞれ納豆によって補われますので、不足するアミノ酸がない完全な形で摂れるようになるのです。

このような組み合わせによって、問題のある食品の欠点が補われて、完全な問題のない食品に姿を変えさせることができるのです。

海苔のミネラル

海苔には、ヒトに必要な多くのミネラル類が含まれています。それらの中から主なものを選び、表2にまとめました。

この表には、20歳以上の男子と女子が一日に必要な量である所要量と同じ年齢層の男女が実際に摂っている量の摂取量を添えておきました。

摂取量が所要量を上回っていれば問題ないのですが、逆の場合には不足していることになります。カリウム・リンは十分な量を摂っていますが、その他のカルシウム・マグネシウム・鉄・亜鉛はいずれも不足しているのです。

ミネラルの仲間は、骨や歯などを作り上げているなど、人体に多量に含まれている成分と、ごく微量しか含まれていませんが、酵素を作り上げるためにはぜひとも必要になっている成分とに分けられています。

カルシウム・リンなどは、骨や歯を作っている成分であり、体内には多量に含まれています。カリウム・マグネシウムも多量に含まれている成分であり、カリウムは心臓や筋肉の働きを調節する役目をしていますし、マグネシウムは外からの刺激に反応して筋肉を動かす時に大切な働きをしています。

一方、鉄や亜鉛はごく少量あれば十分なのですが、鉄が不足しますと貧血を起こしますし、亜鉛が不足しますと子供の成長がおくれたり、鉄不足によって起こる貧血がより起こりやすくなったり、皮膚炎や味覚の異常が起こって味が分からなくなったりします。

いずれの成分も、海苔一枚から摂れる量は限られていますし、決して多くはありませんが、毎日海苔を食べて不足しがちなこれらの成分を少しでも補給し続けることが大切になるのです。

鉄は、非常に吸収され難く、動物性食品では食べた量の15~20%、植物性食品の場合には2~3%しか吸収されません。その際、ビタミンCがあると、吸収される量が

表2
海苔のミネラル量と所要量・摂取量との比較　　単位：mg

	海苔		男子		女子	
	100g当たり	一枚	所要量	摂取量	所要量	摂取量
カリウム	3100	103.3	2000	2335	2000	2169
カルシウム	140	4.67	600-700	500	600	489
マグネシウム	340	11.3	280-310	256	240-260	226
リン	690	23.0	700	1034	700	887
鉄	10.7	0.36	10	8.1	12	7.5
亜鉛	3.7	0.12	10.9-12.1	8.7	10-11.9	7.0

数値：20歳以上の一人一日当たりの平均値
海苔：五訂増補　日本食品標準成分表
一枚：100gが30枚として算出
所要量：第6次改定　日本人の栄養所要量について
（公衆衛生審議会）
摂取量：平成23年　国民健康・栄養調査結果の概要
（厚生労働省）

多くなりますので、ビタミンCをたくさん含んでいる海苔の場合には、より多くが吸収されると期待されます。

海苔のビタミン

ビタミンは、何時も活発に活動が続けられるように体調を整えておくために、ぜひとも必要なものです。そのビタミンが海苔には、ビタミンDを除いて、その他のビタミンがすべて含まれています。特に、デンプンなどの消化にかかせないビタミンBグループは、B_{12}にいたるまでのすべてが揃っているのです。

表3に、海苔100g中に含まれている主なビタミンの量、一枚当たりの量とともに、20歳以上の男子と女子が一日に必要な量の所要量と実際に摂った摂取量をまとめました。

ビタミンAは男女ともに、パントテン酸は女子のみ摂取量が必要な量よりも少なくなっていますが、その他のビタミンは十分な量を摂っています。

これらビタミンの中で、ビタミンAおよび葉酸は海苔5枚で一日の所要量となって

表3
海苔のビタミン量と所要量・摂取量との比較　　単位：mg

	海苔		男子		女子	
	100g当たり	一枚	所要量	摂取量	所要量	摂取量
A	3.6	0.12	0.60	0.56	0.54	0.52
D	0	0	0.003	0.008	0.003	0.007
B_1	1.12	0.04	1.1	1.63	0.8	1.60
B_2	2.68	0.09	1.2	1.55	1.0	1.50
ナイアシン	11.8	0.39	16-17	16.9	13	13.4
B_6	0.61	0.02	1.6	1.99	1.2	1.77
B_{12}	0.078	0.003	0.002	0.007	0.002	0.006
葉酸	1.2	0.04	0.20	0.30	0.20	0.29
パテント酸	0.93	0.03	5.0	5.60	5.0	4.88
C	160	5.33	100	111	100	125

数値：20歳以上の一人一日当たりの平均値
海苔：五訂増補　日本食品標準成分表
一枚：100gが30枚として算出
所要量：第6次改定　日本人の栄養所要量について
（公衆衛生審議会）
摂取量：平成23年　国民健康・栄養調査結果の概要
（厚生労働省）

おり、ビタミンB_{12}にいたっては、一枚で一日分を超えているのです。このビタミンB_{12}は、動物性の食品には普通に含まれているのですが、植物性の食品では、海苔だけにしか含まれていません。コバルトを含んでいるために色が赤く「赤いビタミン」とも呼ばれています。不足すると悪性の貧血を起こすばかりでなく、ＤＮＡの合成が異常になったりします。

海苔の葉酸

ここでは、特に一枚の海苔に0・04㎎、一日所要量の20％を含んでいる葉酸を取り上げて見ましょう。葉酸は、レバーやその名のように葉物野菜類などにたくさん含まれています。

●赤血球の合成を促進する

脊髄で赤血球が作られていますが、その作用を速める作用があります。その際、まず幹細胞の分裂から始まりますが、この時に葉酸とビタミンB_{12}が必要になっています。

さらに、それらが成熟して行くためには、葉酸とビタミンB_6が大切な役目をしています。

そのため、葉酸とビタミンB_{12}が不足すればもちろんのこと、どちらかだけが不足した場合にも、巨赤芽球性貧血と呼ばれる悪性の貧血となってしまいます。

海苔には、ビタミンB_{12}もビタミンB_6も含まれていますので、効率良く赤血球が作られていくばかりでなく、正常な赤血球が作れるようにもなるのです。

●成長を維持する

親から子供に遺伝情報が正しく伝えられる必要があります。細胞分裂を正常に進め、正しく遺伝情報を伝える作用を助けているのがこの葉酸なのです。

また、細胞分裂が盛んに行われ、新しい色々な器官が作られているのが、お腹の中の胎児です。そのため、妊娠を計画している女性は日頃から葉酸をたくさん摂るように、とすすめられています。

葉酸は、胎児の体を作り上げていくばかりでなく、神経管を正常に育て上げる力も持っています。葉酸を十分に摂って、神経管の障害によって起こる脊椎二分症や無脳症などを予防して下さい。
たしかに、食品から摂ろうとしても、利用できる量は半分程度といわれてはいますが、できるだけ多くの量を毎日摂り続けていきたいものです。しかも海苔は、毎日でも食べられる食品です。おおいに利用して頂きたいと思います。

●粘膜を丈夫にする

口の内側の表面は粘膜で覆われています。口ばかりでなく胃や腸などの表面も粘膜で守られています。小腸や胃の粘膜を作っている細胞の寿命は24時間といわれているほど短く、盛んに分裂を繰り返しています。口の内側の細胞の分裂も盛んに行われて新しい細胞がつくられています。

このように、細胞分裂が盛んに行われている場所には、多くの葉酸が存在していて、細胞の分裂を助けています。

葉酸は、口の内側などの粘膜を何時も丈夫な新しい細胞に生まれ代えさせて、口内炎などを予防しています。

海苔のペプチド

海苔を、タンパク質を分解する力がある酵素のプロテアーゼの液につけておきますと、タンパク質が分解されて、数個のアミノ酸の塊にまで分かれます。これがペプチドです。

このペプチドには、ヒトを健康にする色々な力があります。それらをお調べになった海苔の白子・研究開発センターで所長をなさっていらっしゃった萩野浩志博士の報告をご紹介しましょう。

●血圧を下げる

まず、血圧を下げる作用です。心臓が収縮する時の血圧が140〜180mmHg、あるいは心臓が大きくなる時の血圧が90〜105mmHgとなっている、軽いか中等程度の高血圧症状の方々38名が調査に協力して下さっています。

その結果、海苔ペプチドを飲んだグループの方々の収縮時の血圧は平均値で最大15

mmHg、拡張時の血圧は最大で8mmHg下がっていました。試験が終わって2週間後の血圧は試験前の値に戻っていました。

この試験で注意しなければならない点は、1回に1.6gの海苔ペプチドを飲んでいますが、これは、19×21cmの大きさ（標準の全形）の海苔2枚に含まれている海苔ペプチドと同じ量となります。もし、この量を海苔から摂ろうとしますと、消化率などを考えあわせて6枚の海苔を食べなければならない計算になります。海苔から直接必要な量の海苔ペプチドを摂るのはいささか無理なので、海苔ペプチドの製品を利用するしかなさそうです。

海苔ペプチドによる血圧の低下はゆっくりしたもので、血圧を正常な値に近づけ、安定にしてくれます。

高血圧を治療する前に、それを予防するためであれば、毎日1枚ずつでも食べ続けることが大切なのではないでしょうか。

●肝機能を保護する

肝臓は、横隔膜のすぐ下、胃の隣にある1～1.2kgにもなる体の中で最大の臓器です。

食物の消化を助ける胆汁酸を作り、糖・脂質・タンパク質の代謝に関与しているばかりでなく、アルコールの代謝・解毒作用などをしている大切な器官の一つです。

マウスにコレステロールなどを多くした飼料を与えるとともに、水の代わりにアルコールを30％加えた飲料水を飲ませて、肝臓に障害を起こさせておきます。

このようなマウスに、海苔ペプチドを1％、3％を加えた飼料を与え、海苔ペプチドを加えていない標準飼料を食べていたグループと比較した結果、海苔ペプチドを加えた餌を食べていたグループでは、2週間後に肝臓の健全度を示す数値のGOTが、海苔ペプチドを1％加えた餌では標準飼料での値の42・8％に、3％加えた餌では50・8％に減っていました。また、GPTの値では、やはり2週間後に海苔ペプチドを1％加えた餌では、標準飼料での値の35・5％に、3％加えた餌では57・8％と低くなっていました。さらに、肝臓の組織を調べた結果から、海苔ペプチドが幹細胞の脂肪変性を抑制していることが確認されています。萩野さんらが2002年に発表なさった報告です。

これらはマウスでの試験ですが、お酒を飲む際に海苔ペプチドを一緒に摂っておくと二日酔いが軽くなる、との体験が多くのモニターから述べられていたとのことです。

●末梢血流量を増やす

ラットに、海苔ペプチドを体重100g当たり300㎎含んだ水溶液を与えながら、尾の動脈の血流量を測った結果、海苔ペプチドを加えない餌の場合には、組織血流量が毎分5㎖でしたが、海苔ペプチドを加えた時には30分後に、毎分の血流量がほぼ10㎖／分と2倍に増えていました（萩野ら2004）。

この結果から、末端冷え症のボランティアに集まって頂き、海苔ペプチドを飲んで頂いたところ、末梢血流が増えるとともに、末梢の皮膚温度の上昇が確認されました（萩野ら2004）。

実際に海苔ペプチドを使って下さった方々から、冷え性や肩こりなどの症状が軽くなったとの報告がきているとのことですが、これは海苔ペプチドには、たくさんのミネラルやアミノ酸が含まれており、これらと海苔ペプチドの作用とが一緒になって、血液の循環を良くするとともに、皮膚の温度を上昇させているためと、萩野さんは考えておられます（萩野ら2005）。

●コレステロールを低下させる

マウスに、コレステロールや胆汁酸を加えた餌を与えながら、これに海苔ペプチドを0.3％と1.0％混ぜた餌を与えたグループを設け、その影響を調べました。

まず、中性脂肪の量です。海苔ペプチドを混ぜない標準飼料のグループでは、中性脂肪が㎖当たり71・2㎎でしたが、海苔ペプチドを0.3％混ぜたグループでは50・0㎎に、海苔ペプチドを1％混ぜたグループでは49・0㎎に減っていました。

次に、コレステロールの量ですが、善玉のコレステロール（HDLコレステロール）の量は、標準飼料の場合には75・3㎎でしたが、海苔ペプチドを1％混ぜたグループでは91・6㎎に増えていました。これに対して、悪玉のコレステロール（LDLコレステロール）の量は、標準飼料の場合には139㎎でしたが、海苔ペプチドを0.3％混ぜた飼料では74・2㎎に、1％混ぜたグループでは60・9㎎に減っていました。

EPAとともに、海苔のペプチドにも善玉コレステロールを増やし、悪玉コレステロールを減らし、血液をサラサラにして、何時までも血管をやわらかく若い状態に保つ作用があるのです。

海苔の炭水化物

海苔100g中には、38・7gの炭水化物が含まれています。そのうちの31%から36%が食物繊維であり、食物繊維（DF）としての効果が期待できるのです。そればかりでなく、海苔にだけ含まれている硫酸を含んだ多糖類のポルフィラン、これも乾燥した海苔100gの中に30gほど含まれている食物繊維の一種ですが、がんの予防など多くの作用が知られています。ここでは、海苔特有の炭水化物であるポルフィランを中心にしながらお話しましょう。

海苔のポルフィラン

まず、がんとかかわりの深いポルフィランの作用についてお話しましょう。

●がんを予防する

細胞などのＤＮＡといった遺伝情報に変化を起こさせて、親と似ても似つかぬ鬼っ子にしてしまう作用が起こらないように抑える力が抗変異原性です。これをがんとのかかわり合いから見てゆきましょう。

ここでは、皆さんにご理解頂けるように、がんになった細胞の特徴から見て行くことにします。ヒトの体は大変な数の細胞が集まり、それぞれの役目を仲よく助け合いながら忠実にはたしていてくれているからこそ、健康が保たれているのです。何年たっても元気に過ごせるのは、たしかに心臓や神経細胞のように一生変わらない細胞もありますが、多くの細胞では、赤血球のような一番長いものでも3か月で死んでしまい、新しい細胞に代わっているために、何時も若い状態が保たれているのです。

このようなルールをやぶり、周囲の細胞とは無関係に勝手に自分の細胞だけを増やし続けるようになってしまった細胞の集まりが、がんなのです。今まで真面目に自分の役目をはたし続けていた細胞が、どうしてそんな身勝手な動きをするようになってしまうのでしょうか。

真面目な細胞をそそのかし、身勝手な細胞にしむけてしまう悪者がいるためです。その原因となる悪者としては、活性酸素・紫外線・ウイルス・たばこなどばかりでなく、カビが生えている食物・熱すぎる食べ物・塩分や脂肪の多い食べ物、そして放射線・今お隣の中国で問題になっており、偏西風に乗って日本にまで運ばれてくるPM2・5などの汚染物質などなど、多くの種類が挙げられています。

ポルフィランには、これら原因になる要因が細胞のDNAを傷つけて、親と似ても似つかない性質にしてしまう働きを抑え、防ぐ作用があるのです。

●がんの成長を抑える

鬼っ子になってしまったがん細胞は、ただ一つの細胞でしかありません。しかし、盛んに分裂を繰り返してだんだんと数を増していきますすと、すべてのがん細胞に必要な酸素や十分な量の栄養を供給できなくなってしまいます。そこでがん細胞は近くにある動脈に働きかけて、毛細血管を枝分かれさせ、がん細胞の塊の間に毛細血管の網を作らせて、酸素や栄養が十分に行き渡るようにしているのです。

ポルフィランは、この毛細血管の新生を抑えてくれるのです。その結果、がん細胞に十分な酸素や栄養が補給されなくなってしまいますので、がん細胞の塊は死んでしまうのです。

普通、たった一つだったがん細胞が生長して、がんの症状を起こすまでには20年とか30年という長い時間が必要になっています。まず、細胞をがん化させないことはもちろんですが、がんになってしまった細胞の塊の成長速度を抑え、遅らせるばかりでなく、それを殺してしまうことができれば、それにこしたことはありません。そのためにも、何時も海苔を食べてポルフィランを摂り続けることが大切になるのです。

●血清コレステロールを低下させる

ここでは、大住さんらの研究報告（１９９８）をご紹介しましょう。すでに、三重大学の野田・天野さんらによって、ポルフィランには血清コレステロール量を低下させる効果が確認されていますが、このポルフィランを分解したオリゴ糖についても、血清コレステロールを低下させる効果を確かめています。

このように、ポルフィランには、血清コレステロール量を低下させて血液をサラサラにする作用があり、ＥＰＡなどとともに、血圧の低下や安定にも役立つと期待できます。

●便秘を改善する

海苔の30％は、水に溶ける食物繊維なのです。このヌルヌル成分が便秘の改善に役立っていると考えられます。便秘を起こしやすい49人の方々に、3週間にわたって海苔粉末1・35gと抹茶粉末1・35gを混ぜたものを、一日に二回ずつ摂って頂いた結果です。早い人では1～2日、遅い人でも7日以内に、80％の方々に効果が見られています。

そればかりではなく、吹き出物がなくなり、肌の改善が見られたという女性が、20歳代で23人中9人（39％）、30歳代で14人中9人（64％）みられたのです（佐藤ら2005　白子研究開発センター）。

●免疫力を高める

病原体の感染を防ぐ力を増やし、感染症にかかりにくくしているのが免疫力です。白血球の一種類で、体内に侵入してきた細菌などの異物を摂り込み消化してしまう作用を持ったマクロファージは、外敵に抵抗するための手段の一つとして、インターロイキン12（IL-12）を作って対抗しています。

マクロファージにポルフィランを㎖当たり5μg与えますと、ＩＬ－12の量は５３４pgに、50μg与えますと７３６pg、１００μgだと８３２pgにまで増え、与えない時の23〜35倍となり、与える量が多くなるとともに、抵抗力は大幅に高くなっていました（香川大・岡崎さんら）。

海苔のポルフィラ３３４に期待

海苔には、意外な成分も含まれています。例えば、ポルフィラ３３４です。海で生きているノリは、引き潮の時には海水から出て干上がり、強い日光を浴びています。含まれている紫外線は、ノリにとっても大敵です。その害を防ぐために、ノリは体の中にポルフィラ３３４を作り、紫外線の害を防いでいるのです。

このポルフィラ３３４を取り出し、紫外線カット用のクリームとして活用しているのです。

また、海苔を水に漬けたときに溶け出してくるネバネバ成分には、肌を何時までもシットリさせる作用がありますので、化粧品への利用も試みられています。

第三章

誰もが知りたい
海苔のマーケティング

美味しい海苔を一枚でも多く

最近、ある会合で「私は、海苔を美味しいと思いながら食べたことがない」との発言を聞き、ドキリとしてしまいました。しかし、そう言われてみますと、私自身も「美味しい海苔」に出会う機会が少なくなっていました。

ノリを刻んで紙のように抄き上げ乾すようになったのは、江戸時代の元和年間（1615〜1624）の頃と言われていますので、今のような姿になってからもう400年もたっているのです。同じ姿のままでこんなに長い間、多くの方々に好まれ続けてこられたのも、美味しかったからではないでしょうか。ここでは、美味しい海苔が少なくなってしまった原因なども考え合わせながら、市場の実態をお話ししていきたいと思います。

養殖の方法と出荷

毎年、10月の初旬から中旬に、夏の間を貝殻の中で育ったノリの糸状体から出た胞子を網につける「タネ付け」が始まります。網は幅が1.5m、長さ18mで網の目は対角線で30㎝が標準になっています。

以前は、この網を浅い砂地の内海に立てた支柱の間に、毎日2〜3時間海水から干上がり、空中に出てしまうような高さに張り込んでいました。この養殖法を「支柱養殖法」と呼びます。ノリは40日前後で摘める大きさにまで成長します。摘んだノリは、すぐに陸上の作業場に運ばれ、混ざり込んでいる物（ワラクズや貝殻などの夾雑物《きょうざつ》）を取り除いてから、細かく刻み、機械にかけて一枚一枚のり簀の上に抄き上げていき

支柱の間に網を張り込んで養殖する支柱魚場

ます。3時間前後で乾き上がり、自動的にのり簀からはがされて、機械から送り出されてきます。

また、昭和46年頃から、網の周囲に浮きをつけて海面に浮かせたままでノリを育てる「浮き流し養殖法」が普及し始めましたので、支柱がたてられないような深い場所でも養殖ができるようになり、生産枚数が大幅に増加しました。

生産者の皆さんは、出来上がった海苔一枚一枚に目を通し、混ざっている夾雑物を取り除たり、破れている海苔や穴が開いている海苔を取り除く検査をしたのち、10帖ずつを束ねて3600枚ずつ箱に詰めていきます。

網の周囲に浮きをつけて海面に浮かべながら養殖する浮き流し養殖。このセットに50枚の網が張り込まれている。

検査・等級づけ

集められた海苔は、漁業組合がおこなう検査を受けたのち、等級がつけられます。20年ほど前までは、主に長野県諏訪付近の方が検査員になっていました。当時、海苔の問屋の多くは東京を中心とした関東に店をかまえていました。忙しくなるのは冬の初めから春先までです。一方、諏訪の付近では、冬の仕事がありません。しかし、4月ともなりますと、田んぼの準備やリンゴの手入れが始まり忙しくなります。この両者の都合がうまくかみ合っていましたので、毎年、決まった海苔問屋に決まった人が来て、手伝いをしていたのです。長い間やっていれば、例え半年ずつであっても海苔の取り扱い方が身につき、海苔の良しあしが分かるようになっていました。その経験を生かしての検査員でした。そのために、その検査基準は、消費者の好みを反映している海苔問屋の物差しとほぼ同じものとなっていました。

美味しい海苔は、色素量が多い、色の濃い海苔です。しかし、色が濃い海苔が美味しい……、といった言い方では、消費者の方々はもちろん海苔屋さんにも納得してもらえませんでした。そこで黒い海苔が……と言い換えて理解して頂いたのです。すべての海苔が支柱式で育てられていた時代には、全部の海苔が赤みをおびた色をしていましたから、「濃い」を「黒い」としても問題ありませんでした。

ところが、海面に浮かしたままで育てる「浮き流し養殖法」で育てたノリは、藍色の色素の比率が大きくなっているので、色素の量が少なくとも、黒く見える海苔になるのです。このような海苔は、黒くは見えても、見た目ほどには美味しい海苔にはならないのです。このような混乱が、今でも尾を引いている感があります。

その上に、経験の豊富な検査員がいなくなり、新しい人が検査をするようになりますと、海苔の味などは二の次になってしまいました。誰でもが明日からでも検査ができるような方法をとらざるをえなくなってしまいました。その基準が「黒い海苔が良い海苔だ」でした。ですから、「良い」とされた海苔が必ず美味しいとは限らない場合が多くなってしまったのです。

入札会

このように、「黒い海苔」「光沢の良い海苔」が良い海苔として上の等級に格付けされたのち、それぞれの等級ごとにまとめられて入札会にかけられ、高値をつけた海苔屋さんに渡されます。

初回の入札に出る海苔は、やわらかく美味しい海苔が多くなりますので、高い値段の海苔も多くなります。ところが、最近高い値段で売れる贈答用や高級な寿司屋さん向けの需要枚数が少なくなってしまいましたので、初回入札に出された良い海苔だけで、その量がほぼまかなえるようになってしまったのです。そのため、初回に高く売れた海苔と同じ質の海苔であっても、摘みが遅れて初回に間に合わず2回目の入札に出されただけで、値段は大幅に安くなってしまうようになってしまいました。

ですから、生産者の方々は、できる限り多くの枚数を初回入札に出すようになりました。その方法として、まずタネ付けの時に、たくさんの胞子をつけるようにして、芽の数を多くして早く摘めるようにしておくとともに、毎日の干上がる時間を短くしてノリの成長を早めるようになってしまったのです。網についているノリの芽が余りにも多くなると、必要な酸素も栄養も不足しがちになるばかりでなく、日の光も十分にあたらなくなってしまいますので、モヤシのように弱いノリ芽になってしまいます。

それでも摘める大きさにまで育ってくれるのは、酸処理剤があるからです。

リンゴの酸味を生むリンゴ酸や柑橘類の酸っぱさの原因になっているクエン酸の薄い液の中にノリ網を漬けますと、弱い酸性によって珪藻ばかりでなく、病気を起こす細菌などの多くが除かれ、多少とも酸に強いノリだけが生き残ってくれるのです。余り丈夫ではないノリ芽であっても、この酸処理剤の助けによって海苔にまでなるのです。

しかも、干上がる時間が短くなりますと、ノリに含まれている藍色の色素が多くなりますので、製品は黒くなり、より上の等級に格付けされるようにもなるのです。

たしかに、生産者の方々にとっては、初回入札に出せる枚数が増えるばかりでなく、等級が上がるのですから、それにこしたことはありませんが、海苔の味は悪くなってしまうのです。長い目で見れば、決して生産者の皆さんのためにはならないのですが、目先の収入を考えれば、やむをえない方法になっています。

問屋に入った海苔はどうする

問屋の手に渡った海苔は、再度夾雑物の検査をするとともに、作る商品にあわせた海苔質に選びなおされます。その後、再乾燥して水分含有量を4％以下にまでしたり、冷凍庫に入れたりして変質を防ぎながら保存します。

今では、全ての海苔が焼き海苔や焼いてから味たれを塗った味付け海苔として売られています。この焼きの作業は非常に大切で、「海苔を生かすも殺すも焼き方次第」と言われているほどであり、どのお店でもベテランの社員が担当しています。

また、味をつけたり、包装したりする作業場の環境条件も大切で、部屋の湿度を40％前後にまで下げて、作業の間に海苔が湿らないように注意しています。

戦前の市場は関東が中心

1945年にノリの糸状体が確認されるまでの産地は、松島湾・東京湾・伊勢湾などが中心となっていました。当時の生産枚数は、16億枚前後でした。その海苔のほとんどは焼かないままの「乾し海苔」で売られており、その市場は主に関東地方を中心とした限られた地域でした。

その後、進物用の需要が多くなるとともに、缶に詰められた焼き海苔が作られるようになりましたが、味付け海苔の需要はほとんどありませんでした。

養殖品種の移り変わり

ここでは、東京湾の大森付近での動きについてお話しましょう。1940（昭和15）年代までは、アサクサノリだけが養殖されていました。しかし、このノリは製品になるのが遅く、12月の後半になってしまいますので、年始の手土産として販売するのがやっとといった状態でした。当時は、年末年始の挨拶のために、相手の自宅にまで手土産を持って行ったものです。ですから、かさばらず、軽く、美味しいのでどこのお宅に持っていっても喜ばれる品物として、海苔が重宝がられていました。

1945年以降になりますと、世間は、戦後の混乱から立ち直り、種々の産業も回復して新しい製品が作られるようになりました。同時に、道路が整備されてくるとともに、自動車による輸送が便利になってきました。しかも、その頃からヤシやシュロなど天然繊維で作られていたのり網が、ビニールやポリエチレンなどの合成繊維で作られるようになりましたので、軽い上にかさばらなくなりました。その上、厚い大型のビニール袋が手軽に手に入るようにもなってきましたので、ぬれたのり網を乾燥させないままで、長時間保存できるようになりました。

　このような種々の状況によって、東北地方からのり網を東京湾にまで運べるようになったのです。

　当時、東北地方の塩釜付近では、もともと北海道の有珠湾にあったスサビノリを持ってきて養殖していました。このノリは、アサクサノリに比べて葉の厚さが厚いために、海苔が多少硬くなるばかりでなく、アサクサノリのような甘さはありませんでしたが、美味しさのある海苔になりました。しかも、早い時期から摘めるようになりますので、12月下旬には海苔が入手できるのです。しかも、製品の色が青緑色なので、消費者の皆さんにも喜んで頂けました。

　これだけの条件が整いましたので、1952〜1954（昭和27〜29）年にかけて大量ののり網が塩釜から大森に運ばれてきましたので、それまで東京湾で養殖されていたアサクサノリは、1〜2年の間に姿を消してしまいすべてがスサビノリになってしまったのです。

　その後、1962（昭和37）年には、四国・愛媛県の玉津でとんでもない大きさにまで育つオオバアサクサノリが、1965(昭和40)年には、千葉県の奈良輪で、これも大きく育つナラワスサビノリがみつかりました。

　これらの品種は、何時までたっても生殖器ができませんので、伸び続けて大きくなってくれます。そのため、確かに生産枚数は多くなります。しかし、じっくり育てれば美味しい海苔になるのですが、干上がる時間を短くして速く伸ばしますと、まずい海苔になってしまいます。

　そのため、流通側から味についての問題が取り上げられ、生産者側と話し合いも続けられたのですが、当時は、「大きいことは良いことだ」といった時代です。生産者の皆さんは生産枚数が多くなるために、流通側の多くも商材が早く手に入る上に、豊富にもなってくれるのだからと、このような品種の養殖を認めたのです。しかし、オオバアサクサノリは、余りにも歯切れが悪く、味のない海苔になりやすいことから、両者が相談し養殖を止めたのです。

タネ付け技術の普及

1949（昭和24）年にノリが貝殻の中で糸状体となって夏を越していることが分かりましたが、そこから出た胞子を網につけるタネ付けの技術が、生産者の皆さんの間に普及し、産業的に利用されるようになるまでには10年の歳月が必要でした。

この方法の開発によって、それまで支柱が立てられる浅い海でありながら、胞子を網につけるタネ場が近くになかっただけの理由で、のり養殖ができなかった九州の有明海でも養殖ができるようになりました。

良く伸びる品種の導入とともに、この養殖方法が普及したために、生産枚数は36億枚と大幅に増えました。到底、それまでの市場だけでは消費しきれません。そこで関西に進出していったのです。しかし、関西の方々は、海苔のあわい風味では飽き足らず、なかなか買って頂けませんでした。そこで味付け海苔を中心とした販売に切り替え、消費量を増やしていったのです。

浮き流し養殖法の開発

1971（昭和46）年頃から、網の周りの浮きをつけて海面に浮かべたままノリを養殖する方法が開発されました。この技術の普及によって、いままで支柱が立てられなかった、瀬戸内海のような深い場所でも養殖ができるようになりましたので、生産枚数は一気に60億枚台となりました。

これに応えて流通側は、市場を西は九州から北は北海道にまで拡大して、この枚数を消費していったのです。その時の主力商品も味付け海苔でした。その結果、加工海苔の大半は味付け海苔で占められるように変わってしまいました。

冷蔵保存法の普及

新しい色々な技術が導入され、生産枚数が急速に増えてきたのり養殖は、まさに順調な伸びを示していたように思えますが、実際にはまだまだ天候に左右され、年によって生産枚数が大幅に変わってしまう不安定な状態が続いていました。

特に、10月下旬から11月中旬にかけては、急に暖かくなる日があるばかりでなく、夜の引き潮で網が干上がっている時に暖かく、モヤが立ち込めて自動車が走り辛くなってしまうような天気になったりしますと、ノリ芽には大きな障害が起こり、ひどい場合には流れてしまうような被害が起こる場合さえありました。毎年起こるわけではありませんが、このような年には大変な不作なってしまい、大きな損害を受けてしまいます。

そこで被害を少しでも少なくするために、新しい技術が考え出されたのです。

例えば、１００枚ののり網が張り込める漁場を持っている生産者の方の場合には、10月に入ってから、それぞれに2枚ずつの網と、予備の網として50枚の合計２５０枚にタネ付けをします。その全部の網を、毎日数時間干上せながらノリ芽を育てて行きます。ノリ芽は一か月ほどで２~３㎝の大きさにまで成長してくれます。

ここで、１枚ずつ分ののり網１００枚を漁場に残し、１５０枚を陸に上げてきます。その網をノリに含まれている水分量が20~40％になるまで乾かします。すると、細胞の中は水分が少なくなり、細胞に含まれている液が濃くなってきます。

なにも含まれていないただの水は、０度まで冷やせば凍ります。しかし、３％の塩が含まれている海水はマイナス５~10度にならないと凍りません。まして、牛乳や砂糖などがたくさん含まれているアイスクリームになりますとマイナス20度以下にまでなりませんと凍ってくれないのです。このように、液の濃さが濃くなるほど、凍る温度は低くなっていきます。

ですから、ノリ芽を乾かして中の液の濃さを濃くしておけば、マイナス30度の冷凍庫に入れても、細胞の中に氷ができませんので、ノリ芽は生き続けてくれるのです。

もちろん、網を上げる時には塩分が高い満潮の時を選ぶ必要があります。また、冷凍庫の中での乾燥を防ぐために、厚手のビニール袋に入れるのですが、その中の空気を湿らせないことも大切です。さらに、網についているノリのすべてを同じように乾かすために、乾燥している間にのり網の上下をひっくり返すなどの注意も必要になります。

もし、天候が悪くなり、漁場に残しておいた網のノリ芽が痛んでしまったりした時には、その網を上げて、冷凍庫に入れておいた新しい網に張り替えれば、被害を少しでも少なくできるのです。

この技術の普及によって、生産枚数の動きが少なくなり、安定してきたのです。

全自動海苔抄製機の登場

海苔の製造は、そのほとんどが手仕事でした。しかし、新しい養殖技術が普及し、生産枚数が増えてくるとともに、機械化が要求され始めました。漁場でのノリ摘みやのり抄きに先立つ刻み、抄き、乾燥やその間でのノリなどの運搬などなど、それらのすべてが機械で行えるようになったのです。手を全く濡らさなくとも海苔が出来るのでは、と考えられるほどになっているのが現状です。

その中で最も大切な役割をはたしているのが全自動海苔抄製機です。

１９７７(昭和52)年頃から急速に普及していきました。

あるメーカーの機械の愛称は「ワンマン」です。その名の通り一人の男性がいれば、抄き、脱水・乾燥そしてのり簀からのはがしの作業まですべてを機械がしてくれて、出来上がった海苔が機械から送り出されてくるようになったのです。

それまでは、ノリの伸びに追われながらの手作業であり、家にいる人はお年寄りまですべてが駆り出され、学校から帰ってきた子供達までもが手伝わされていたのです。この機械の導入によって、お年寄りは孫の世話をしていればいい様になりましたし、子供達は好きなスポーツが出来るようになりました。

しかし、これらの高価な機械を買うためには大変な出費が必要になってしまいましってしまったのです。

酸処理剤の導入

1978(昭和53)年頃から使われるようになった薬剤です。先にも触れましたが、リンゴの酸味を生むリンゴ酸やミカンなど柑橘類の酸っぱさの素になっているクエン酸などを主原料にしています。

のり網にアオノリの胞子がつき、ノリと一緒に育ってしまいますと、製品の中に混ざり込み、アオノリの量が少なければ「アオとび」、多ければ「アオ混ぜ」の等級となって値段が安くなってしまいます。最初の使用目的は、この原因となるアオノリを除くのが目的でした。ノリはアオノリよりも多少ですが、酸に対して強いのです。アオノリが死んでしまうのに、ノリは生き残れるような酸の濃さや漬けておく時間の差を上手に利用してアオノリだけを殺していたのです。

ところが、使っている間に、天候が悪かったりしてノリが弱るとすぐに起こる赤腐れ病や白腐れなどノリがかかる病気の治療にも役立つことが分かってきました。病気ばかりでなく、ノリの葉につく珪藻なども洗い落してくれますので、出来上がった海苔がきれいにもなるのです。

このように、多少ノリが弱くなった時にも、この薬で処理すると何とか生き延びて海苔にまでなってくれます。そこで一部の生産者の方々は、網を張り込む高さを低くして、毎日干上がる時間を短くし、ノリの成長を速くして生産枚数が増やせるような管理をするようになってしまいました。このようなノリは、モヤシのような弱いノリですから海苔にはなっていますが、味の薄い製品になってしまいます。しかし、生産枚数は増やせるのです。

この薬は、上手に使えば海苔の質を上げるとともに、生産枚数を安定させ、非常に役に立つものとなりますが、その反面、余りにも効果がありますので、どうしても気安く使うようになり、質や味が悪くなっても枚数を増やす方法として利用されがちになってしまう、麻薬的な薬にもなっているのです。

おにぎりが救世主に

今まで述べてきたような新しい技術が生産者の方々の間に普及したために、海苔の生産枚数は増加するとともに、枚数が安定してきました。

その結果、生産枚数は90億枚後半から100億枚近くにまで達しました。

市場はすでに日本全国にまで拡がっています。この増えた枚数をどうやって消費するのかが大きな問題になりました。

そんな時に生まれたのが、コンビニエンスストアなどで売られているおにぎりを海苔で包む方法でした。これが大きなブームとなり、消費枚数を大幅に増やしてくれました。しかも、コンビニは全国各地に拡がって行き、その数を急激に増やしていった時期です。一人が買うおにぎりの個数が同じでも、一つの店ごとの販売個数が増えなくとも、店の数が増えて行けば海苔の必要枚数は増えてくれたのです。

これを、海苔の業界では、「海苔を生産しさえすれば、いくらでもおにぎりで消費できる」との思い込んでしまったのです。しかし、北海道から沖縄まで全国の津々浦々にまでコンビニの店が出来てしまえば、おにぎりでの消費の増加は止まってしまうのですが、当時の業界は増産の一途を目指し続けたのです。

その結果は当然ですが、生産過剰となって、価格が下がり続ける状態になってしまったのです。海苔屋さんはコンビニなどに納める海苔の価格が抑えられていますので、生産者の皆さんからの入札価格も下げざるをえません。海苔があふれていますので、海苔屋さんの間では納入価格の値下げ合戦が起こっており、海苔屋さんの利益は目に見えて少なくなっているのが現状です。もちろん、生産者の方々も、忙しい思いをして海苔を作って見ても、こんな値段でしかないのであれば、止めた方が……、と海苔養殖を止めてしまう生産者の方々も増えています。

パリパリ海苔・しっかり海苔

この呼び名は、NHKテレビ「ためしてガッテン」でつけてくれた名前です。浅い砂地の海岸に支柱を立て、その間に網を張り毎日2~3時間ずつ干上がらせながら育てたノリで抄き上げた海苔が、「パリパリ海苔」です。焼くと紅色から黄色に変わる色素がたくさん含まれているために、焼き海苔の色は黄色みがかった緑色になります。

一方、深い海の海面に浮きをつけて網を浮かせながら、育てたノリで抄いた海苔が「しっかり海苔」です。この海苔には、焼くと青くなる藍色の色素がたくさん作られますので、焼いたあとの海苔は青緑色の多少硬い海苔になります。しっかり海苔と名付けられたのもこのためでしょう。

これら二つの海苔には、それぞれに大きな特徴がありますので、その特徴を生かしながら使って頂けると、海苔をより楽しんで頂けます。

ますパリパリ海苔です。焼き上がった色が黄色みがかった緑色であり、いかにもやわらかそうな海苔なので、いささか物足りないように感じるかもしれません。しかし、食べるとパリンと歯切れがよく、食べたとたんに美味しさが口に拡がってきます。

ですから、手巻きパーティーを開くような時に使って下さい。もちろん、ご飯と一緒に箸で巻いて食べるような際にも使えます。

次にしっかり海苔ですが、この海苔は焼き上がった色が青緑色ですし、名の通りにしっかりしていますので、頼りがいのある海苔になっていますが、多少硬さが感じられます。この硬さによって、口に入れた時に歯ごたえが感じられ、口の中で散ってくれるまでに少し時間がかかってしまいます。

このため、朝早く出かけようと、前の晩に海苔巻きを巻いておいたり、おにぎりを握ってすぐに海苔で包んだりする場合には、食べる時までに海苔が柔らかくなっていますし、べとついたりすることもありませんので、大いに楽しんで頂けます。

また、握ってすぐに海苔で包み、ラップで包んでおきますと、海苔はご飯の湿り気を吸って柔らかくなりますが、同時に美味しくもなるのです。

先にも触れましたが、海苔の旨み成分の中心は、昆布の旨さであるグルタミン酸とかつお節の旨さ成分であるイノシン酸です。ところが、海苔にはイノシン酸が含まれてはいないのです。海苔に含まれている酵素の働きによってイノシン酸になるアデニル酸しか含まれていません。

海苔を口に入れて、水分を吸いますとこのアデニルをイノシン酸に変える酵素が動き始め、イノシン酸ができるのです。

海苔は保存のために、何回か60度近い温度をかけながら乾燥されていますし、焼くときには数秒と短い時間ですが、１５０度前後の温度がかけられています。不思議なことに、この酵素はこれらの熱に耐えて力を持ち続けているばかりでなく、ラップに包まれている間に与えられた僅かな水分によって活動し始め、イノシン酸を作ってくれるのです。

100円前後のおにぎりに使われている海苔は、必ずしも良い海苔ばかりではありません。しかし、握ってすぐに海苔で包んだおにぎりでは、案外甘味のある美味しさが感じられるような海苔が多くなるのです。

食べる時に、ご自分でご飯を海苔で包んで食べるようなおにぎりの場合には、海苔の歯ざわり、パリパリ感を大いに楽しんで下さい。

海苔専門店の役割

少なくはなっていますが、まだまだ海苔の専門店が頑張っています。

今も生き残っている海苔専門店の多くは、現在のご主人が何代目といった老舗ばかりです。規模は小さくとも、何代もの間のれんを守り続けてきたお店なのです。会社組織になってはいても、実際には個人会社に近いような規模のお店も見受けられます。

このような海苔屋さんには、何時までも一枚でも多くの美味しい海苔を消費者の方々に提供し続ける役目があります。これは海苔屋さんが、美味しい海苔を作ってくれる生産者の方を育て続ける役目でもあります。最近は、一部の生産者の方々が海苔屋さんを訪問して、意見の交換をする機会を作っている例が多く見られるようになっています。しかし、そのような意見交換が実っているとは言えないのです。それは、入札会によって生産者の皆さんと海苔屋さんとの間での直接的な海苔の売買が絶たれているからです。

たしかに、戦前の海苔屋さんと生産者との関係は、農業の旦那と小作といった関係に近いものであり、場合によっては、海苔屋さんが安く買い叩いていた事実もあったでしょう。しかし現在は、原則として入札会を通さなければ売れないこともあって、生産者の方々が丹精込めて作り上げた美味しい海苔であっても、それが赤めの海苔であるだけで、等級が下げられてしまい、まずい海苔と一緒の等級に格付けされてしまっていれば、どんなに美味しい海苔でも安い価格にしかならず、生産者の方々の努力は報われていないのです。こんな状態では、生産者の方々の美味しい海苔を作ろうという意欲が失われてしまい、美味しい海苔の枚数が一層少なくなってしまうのも当然なのです。

海苔を読む力

たしかに、以前のように海苔屋さんが生産者の方々の庭先に出向いて海苔を買うような形の場合には、不当に安かった場合もあったでしょう。しかし逆に、美味しい海苔には、たとえその枚数が少なくとも、それなりの値段をつけることが出来たのです。さらに、海苔屋さんから生産者の方々に対して、作り方の指導が行われていたのです。いいえ、海苔屋さんは海苔を見た時に、その海苔が出来上がるまでのどこに問題があったのかが見抜けるだけの「海苔を読む力」を持っていたのです。生産者の方々は、身に覚えがある問題点を言い当てられるのですから、それを直そうと励むようになり、技術の向上につながっていたのです。

入札会が行われるようになりましたので、不当な安値になるようなことはなくなりました。しかし、入札の前に行われる等級つけの基準が問題になってきています。その上、枚数が少ない美味しい海苔が、味の薄い海苔と混ぜられて同じ等級にされてしまうことになりましたので、生産枚数が少ない美味しい海苔は、その他大勢の値段にしかならなくなりました。

また、生産枚数が多くなってきますと、どうしても等級ごとの枚数が多くなってしまいます。しかし、多くの海苔屋さんは、色々な値段・質の海苔を必要枚数ずつ買い揃えなければなりません。同じような海苔ばかりをたくさん買うことはできないのです。そのため、入札ごとに札を入れられる海苔屋さんは限られてしまうのです。そのために一部の海苔屋さんが、大口の海苔を適当な値段で買えるようになり、海苔価格の低迷を招いてしまうようになってきたのです。

新しい販売ルート

入札会によって、海苔の流通がはっきりした姿になりましたが、最近では、問題点が大きくなってきており、その改善が求められるようになっているのです。

自主的な申告によって、組合や県漁連に手数料を支払わなければなりませんが、入札会ばかりでなく、生産者の皆さんが苦労して作った努力の結晶である美味しい海苔だけを一本釣りできる、別なもう一本の道を作ってみてはどうでしょうか。もちろん、現在の入札会は、そのまま続けていく必要があります。

また、今や世界はメールによって世論が作り変えられ、政府でさえも倒されてしまう世の中です。海苔屋さんが動かなれば　生産者の方々が美味しい海苔だけを抜き取り、直接消費者の皆さんに通信販売で売るようになってしまうでしょう。この直接販売は、口で言うほど簡単なものではありません。本当に美味しい海苔だけを選び出して、売り続けなければなりませんし、消費者の方々から信用して頂けるまでには2～3年かかるかもしれないのです。そして、美味しい海苔がなくなったからと味の薄い海苔を売った途端に注文はこなくなってしまうでしょう。でも、信用を得てしまえば、毎年一定の注文が頂けるのです。

生産者の方々も、今のような値段では生活していけないのです。多くの苦労があり、危険をともなう方法ですが、生き残れる一つの方法ではないでしょうか。

最近の消費者の方々は、全部がとは言いませんが、多少のゆとりを持ち始めた感があります。ご自分が納得しさえすれば、多少値段が張っても買って頂けるようにもなっています。しかし、多くの方々は美味しい海苔があることすらご存知ないのです。海苔屋さんは、せっかく専門店に来て下さったお客様なのですから、実際に海苔を食べ比べて頂き、あと一歩頑張って下されば、美味しい海苔が食べられる事実を知って頂いた上で、美味しい海苔が楽しんで頂けるようお勧めすべきではないでしょうか。

確かに、美味しい海苔はそれなりの値段となっています。しかし、最近はその値段が下がり気味になっています。そのために、もう一声出して下さっただけで、驚くほど美味しい海苔が手に入る時代になってきているのです。

ギフト市場

1988（昭和63）年にリクルート事件が起こりました。これをきっかけとして、官僚の汚職が問題となり始め、ついに官僚に対して業者からの贈答品の受け取りが禁止されてしまいました。

その頃、バブルによる右肩上がりの成長に鈍りが見え始めたばかりでなく、デフレ基調が進んで各会社の業績に陰りが見えるようになり、経費の削減が求められるようになりました。真っ先に取り上げられたのが交際費の引き締めであり、盆暮れの贈答品の中止が、行われるようになってしまったのです。

このような流れは、会社の中での上司への挨拶も虚礼の一言で姿を消していき、それまで長く続いてきた、盆暮れのご挨拶という日本古来の暖かな習慣が、いとも簡単に否定されてしまったのです。

そのため、現在での贈答は親戚などを中心とした身内での付き合いだけになってしまった感があります。しかも、そのような動きが年配者の間だけに限られており、若い人には受け継がれていないようです。

このようになった原因の一つとして、消費者の方々にとって、海苔という食品の魅力が薄れてしまったために、そんな品物を人様に贈るのは……といった空気が行き渡ってしまった点が挙げられます。それも美味しい海苔が少なくなり、味の薄い海苔が目立つようになってしまったためと考えられます。

少なくとも海苔の専門店は、安売り競争によるのではなく、美味しい海苔をそれなりの価格で買って頂けるような努力をするとともに、海苔が若い人々にも美味しく魅力のある食品として認めて頂けるように働きかけてゆくべきなのです。

おにぎり・寿司屋さん・ホテル旅館

いずれも、海苔屋さんにとっては大切なお得意さんであることに変わりありませんが、おにぎり・寿司屋さんそしてホテル旅館は、まったく関係ないように見えますが、どの業界も激しい値下げ競争に陥っている感があります。

しかし、最近での消費動向の変化を追ってみますと、すべての消費者の皆さんが、ということではありませんが、一部の方々の間では、多少経済的なゆとりが出来てきたために、現在の質では飽き足らなくなっており、納得できる範囲であるならば、高くとも美味しい品物を、との動きが出てきています。それがスーパーやコンビニで高級なＰＢ（プライベート ブランド）食品を生み出しています。

おにぎりについて見ますと、多くの種類が作られている中で、海苔を使っていないおにぎりが目立つようになっています。美味しい海苔が少なくなってしまったために、海苔がない方が良い、とおっしゃるお客様が多くなってきているのでしょうか。

多少の値上げは必要になるとは思いますが、もう少し頑張って頂き、海苔の購入価格を上げて頂ければ、ずっと美味しい海苔が使えるようになり、販売個数の増加につながって行くのではないでしょうか。

次にお寿司屋さんですが、ここでも激しい安値合戦となっているようです。この渦に巻き込まれてしまいますと、海苔を始めとした寿司ダネの仕入れ価格を限界にまで下げざるをえなくなり、味や質にこだわっている消費者の皆さんからソッポを向かれてしまうのです。

ここでも、海苔を始めとした寿司ダネの価格を上げて下されば、例え価格を多少上げても全部とは申しませんが、一部のお客様はこの方をお選びになって下さるのではないでしょうか。

さらにホテルや旅館の印象を決める要因の一つになっているのが最後の食事、朝ご飯だと言われていますが、その朝ご飯に出てくる海苔が余りにもみじめな場合が多いのではないでしょうか。

安くない宿泊料をとっているのですから、朝の海苔にもう少し値段を出して頂けないものでしょうか。

高級品をとは申しませんが、味のある海苔を出して下されば、そのホテルや旅館の印象が随分良くなるのではないでしょうか。

もちろん、これらのお店に海苔を納めている海苔屋さんが、これだけ出して頂ければ、こんな海苔が……と、実物を食べて頂きながらご説明しなければなりません。

恵方巻きに歴史あり

ここで、最近何かと話題になっている「恵方巻き」についてお話しましょう。

昭和7年の節分2月4日に、大阪鮨商組合が出した「巻き寿司と福の神　節分の日に丸かぶり」と題したチラシが残っています。

「この流行は古くから花柳界に、もて囃されていました。

これは節分の日に限るもので、その年の恵方に向いて無言で一本の巻き寿司を丸かぶりすれば其の年は幸運にめぐまれると云う事であります」といった内容も盛り込まれています。

「節分丸かぶり」の起源はよく分かっていないようですが、江戸時代の末期から明治時代の初めの頃にかけて、大阪の船場で節分に行われていたとも言い伝えられています。

先に挙げたチラシが昭和7年に出されているので、それまでの間も栄枯盛衰を繰り返してきたのでしょう。

寿司店での盛り上がりを目にしていた大阪の若手海苔屋の皆さんが、販売を促す手段の一つとして、昭和50年代の初めに大阪道頓堀でのイベントで、この「節分丸かぶり」を取り上げました。その時には大きな反響があったのですが、この運動が定着し軌道に乗ってくれるまでには10年かかったとの苦労話も残っています。このような地道な努力の結果、恵方巻きの人気は高まり、関西の地方食として定着できたのです。

東京や大森の海苔屋さんが、大阪の流行を追い具体的な動きを起こしたのが1987（昭和62）年でした。東京銀座のソニービルの前で「節分丸かぶり」の宣伝活動が初めて開かれたのです。しかし、このような宣伝活動には、想像もつかないほど多額の費用がかかります。これら種々の問題を何とか解決しながら、この動きがやっと全国規模での組織で取り上げられるようにまでなりました。

その母体が「海苔で健康推進委員会」でした。しかし、「節分丸かぶり」に馴染みが薄い関東地方の消費者に知って頂けるまでには、イベントの開催ばかりでなく、テレビやラジオ・新聞・雑誌やスーパー・コンビニといった販売店への働きかけを行うなど大変な努力を重ねながら、やはり10年が必要だったのです。

母体となっている委員会は全国に組織を拡げていますので、関西からやっと関東地方にまで拡がったこのような運動を、さらに全国にまで拡大しようとの努力が続けられています。その結果、1990（平成2）年代の後半には、コンビニエンスストアやスーパーなどが全国規模で恵方巻きの販売を始めるなど、やっとこの運動が全国に拡がり、毎年の節分には、必ずテレビや新聞で取り上げられるようにまでなっているのです。

韓国での海苔の流れ

●養殖の方法

韓国でものり養殖が行われています。日本よりも古い時代から始められたとしています。

福岡の対岸、釜山付近でも行われていますが、養殖場の大半は朝鮮半島の南西部にあたる全羅南道で占められています。

半島の西海岸には、これまで良い漁場がたくさんありましたが、埋め立てによって工場地帯に変わってしまいました。いま残っている漁場の多くは、網に浮きをつけて海面に浮かべたままでノリを育てる浮き流し漁場になってしまいました。

幅1.8m、長さ18mの網を2枚続けて張り込み、一つの単位(柵)としています。韓国の消費者の皆さんは、日本の方々よりも味にこだわっているように感じられます。浮き流しの漁場なのですから、海水に浸かったままで干上がることはありません。このような方法では、どうしても製品が硬くなるばかりでなく、ノリが弱くなりますので病気にもかかりやすくなってしまいます。質を良くするばかりでなく、美味しい海苔にするとともに、病気を防いで生産枚数を

韓国ののり場。網の両側に浮きを2mおきにつけてある。
ひっくり返すと網が上がって海面から干上がる。

多くするために、網の端に直径30㎝、幅も30〜40㎝の発泡スチロール製の浮きを2mおきにつけます。摘みが始まる前に毎週2〜3回は網をひっくり返して、浮きが網の下側になるようにしますと、網が海面から押し上げられて干上がります。このような方法で、海苔の質を上げ美味しい海苔にしています。

また、養殖する品種にもこだわり、海岸の岩の上などに生えている「岩のり」と呼ばれている種類の中から、自分の漁場にあった種類を選んだ上に、その種類が一番美味しくなる時期を選んで養殖を行っています。

日本では、養殖する種類にここまでこだわっていませんし、このようなきめの細かな動きは見られていません。残念なことです。

韓国での生産枚数については、はっきりしていない点が多いのですが、手元の資料では、以前から2009〜2010年にかけての漁期までは、60億枚台での変動でした。しかし、2010〜2011年では129億枚に、2011〜2012年では125億枚に急増しているのです。

全くの想像ですが、大手の味付け海苔メーカーが、生産者の方々から直接買い付けていた枚数を表に出してきたためとも考えられます。

●味付け海苔メーカーの動き

韓国の一般の海苔屋さんは、日本と同じように、組合が定期的に開く入札会での競争入札で、海苔を手に入れています。しかし、大財閥をバックにしている味付け海苔メーカーは、必要な海苔の大部分を生産者の皆さんから直接買い付けています。

私は、生産者の皆さんがこれほどまで味にこだわりながら養殖している原因として、味付け海苔メーカーの動きが感じられてなりません。韓国では、財閥をバックにしたメーカーが数社あり、製品の味で競い合っています。

一方、各町村には、「後継者」と呼ばれている人がいて、生産者の皆さんを指導し束ねています。この後継者は学歴も高く、豊富な知識とともに経済的な力も持っています。海苔の場合には、後継者が全自動海苔抄製機など必要な設備を揃えており、末端の生産者の方々が摘んできたノリの加工を引き受けています。ノリを預かり加工した上で海苔を入札会に出し、その代金を生産者と後継者とが分け合うといった形もあるようです。この配分の比率は、生産者と後継者との力関係によって決まり個々に違っているようです。

このような体制から、味付け海苔メーカーの買い付け担当者と後継者との間が密になり、美味しい海苔であれば高い値段で買い取る、といった関係が生まれていても不思議ではありません。メーカー側としても、原料になる海苔の味が美味しければ、売り出す味付け海苔も美味しくなり、他社の製品より評判が良くなるはずです。美味しい海苔を集めることが最大の武器として使えるのではないでしょうか。このような、裏でのルートが出来ているとも考えられそうです。

●日本と韓国の海苔の違い

東京の上野の近く、御徒町《おかちまち》に「アメヤ横丁」と呼ばれている町があり、お土産屋さんがたくさん並んでいます。そこに海苔屋さんもあるのですが、日本に来た韓国の方々が、ここに海苔を買いに来ている姿は全く見られません。韓国の方に聞いたところ、日本の海苔は、厚くて食べると口の中が痛くなるから……、との返事が返ってきました。

日本の海苔の標準は3ｇですが、韓国では2ｇ以下と薄い海苔が好まれているのです。塩味をつけた油を塗った味付け海苔だからということもありましょうが、たしかに、韓国の海苔には美味しい海苔が多いのです。このような点を十分に考えあわせながら、日本の海苔の格付け基準など検討し直して見る必要もありそうです。

たしかに、日本でも韓国でものりが養殖されています。しかし、出来上がった海苔の好みは全く違っているのです。今、韓国から日本に海苔が輸入されていますが、その海苔は、韓国国内では売りにくい厚い海苔で、日本向けとして特別に作った製品なのです。このような海苔は、最近韓国で好まれるようになった細巻きの海苔巻きに使えるようにはなっていますが、厚手の海苔の韓国での使い道は、限られたものとなっています

中国での海苔の流れ

中国では、南の福建省と揚子江の河口より北の江蘇省で、それぞれ違った品種が養殖されています。中国では、海苔を「紫菜《ツァイ》」と呼んでいますが、聖徳太子が活躍していた時代には、日本でも海苔が紫菜でした。

●南方での養殖

まず南の福建省ですが、この地域では昔から海苔の養殖が行われていました。福建省の海岸、台湾対岸の海壇島には、のりを採るために選ばれた、表面が平らな岩（菜壇）があり、道具を使ったり、上で火を燃やしたりして、生えている海藻類を取り除きノリの成長を助ける方法が行われていました。ここで摘まれていたノリは、海壇島にある菜壇の上に生えていたノリでしたので「壇紫菜《タンツツァイ》」と名付けられました。日本にはない品種です。

このような簡単な方法でしたが、ノリが育ちやすいように手を加えるようになったのが、３００年前後も前だったとされています。

福建省での壇紫菜の乾燥。丸く炊き上げ、天日で乾かしている。

このノリは、葉が厚い上に粘り気が余りありません。そのため、薄く抄き上げると穴だらけになってしまいますので、ポテッと厚く抄かなければなりません。ですから、乾燥が終るまでに長い時間がかかってしまいますので、全自動海苔抄製機が使えません。いまでも天日で乾かしています。

壇紫菜の生産量は重さで示されていますので、それを一枚3gと日本の海苔の基準で換算しますと、約100億枚に達しています。

中国の方々にとって、壇紫菜はお祝いの時になくてはならない食材なのです。南の福建省で採られている壇紫菜が、北の大連の町はずれのスーパーにも並んでいるほどです。また、中国の方々にとっては、昔からなじみ深い食品でしたから、紫菜といえば壇紫菜を指していますし、世界の国々に出稼ぎに出ている華僑にとっては、故郷を偲ぶ懐かしい食べ物となっています。いまでも相当量が世界の華僑向けに輸出され続けています。

福建省ののり漁場に案内して下さった生産者が、遠くに見えていた高い立派な建物を指さして、「あの建物が製品を売りに行く海苔屋だ」と言っていました。この言葉から福建省には、各地に海苔屋さんがあり、生産者の方はそこに海苔を売っているのでしょう。入札会の話は聞いていませんので、各地の海苔屋さんが生産者の皆さんから直接海苔を買い集めて、流通のルートに乗せていると考えられます。

●北方での養殖

一方、北で養殖されているのは日本と同じスサビノリです。ノリの養殖は、1949(昭和24)年に共産党が政権を奪い取り、政府を打ち立てた後に始められたものです。揚子江の河口より北、江蘇省の海岸では冬になると仕事がなくなってしまいます。男性は出稼ぎに出ているのですが、女性にできる仕事がありませんでした。そこで、政府が女性のための冬の仕事として、のり養殖を薦め始めたのです。

この海岸は、岸から10㎞以上の沖まで陸地となってしまうほどの、とんでもない大きな規模の干潟であり、大潮の時には4時間以上もの間、干上がって砂地のままになってしまうほどです。

そのため、引き潮の時に海に出て作業し、潮が満ちてくる前に帰ってくれば、舟がなくとも養殖ができたのです。女性だけでも養殖ができる、といった条件で始められていますので、初期の頃にはこのような場所の方がよかったのでしょう。

しかし、養殖技術が向上し、生産枚数が増えてくるとともに、本格的な設備が必要になり、企業としての形が作られて行きました。当時はまだ簡単な回転式の海苔抄き機しかなく、乾燥機も熱風を吹き込んで海苔を乾かす箱型の機械でした。多くの作業が手作業で行われていた時代でしたが、当時の中国の公司（会社）にとっては、これらの機械を買うために必要になる金額が大きな負担になっていました。新しく始めた仕事なので、経験が全くありませんでしたから、必要になる技術もすべてが手さぐりの状態でした。この時に、日本の海苔屋さんのお一人が技術の指導や多少でしたが機械を寄付したりして、援助していたのです。

このようにして育った公司ですから、一方で漁場でののり養殖を行うとともに、摘み採ったノリを抄き上げ、乾燥し、できた海苔を焼いたりそれを味付け海苔にしたりして袋に詰め、販売するまでの全てを一つの会社で行う形が自然に出来上がっていったのです。

長い間、岸近くの内沙と呼ばれている漁場での養殖が続けられていましたが、どこの国でも同じように、浅い海は埋め立てられてしまい、工場用地になってしまいがちです。その上、中国では工場排水の浄化が完全には行われていませんので、その汚染もひどくなってしまいました。

そこで、岸から船で3～4時間かかる離れた場所にある砂地の広い浅瀬に漁場を移す試みが始められています。あの大きな揚子江が運んでくる砂は大変な量になります。この砂が溜まり続け、大変な広さの浅瀬を作り上げています。この浅瀬を利用しての養殖が軌道に乗り始めており、今や新しい漁場としての本格的な活用が始まっているのです。

中国では、壇紫菜の養殖と同じように、2m角の網を36枚並べて張り込み、網と網との間に太い竹を浮きとして付けています。その竹の両端に50㎝ほどの棒を固定し、引き潮の時には網が空中に支えられるように

江蘇省ののり場。
2×2mの網を36枚並べて一台の筏《いかだ》にしている。

しています。支えの棒は竹にしっかりと結び付けられていますので、潮が満ちてくるとともに、竹と一緒に浮き上がっていきます。このような方法を「半浮動式養殖法」と呼んでいます。

この方法では、天候にあわせて網を上げ下げして、干上がらせる時間を調節するといった管理はできません。しかし、江蘇省のような極端な干潟漁場の場合には、潮が満ちてくる時にはアッという間に水面が上がってきますので、5㎝や10㎝の高さの差があっても、干上がっている時間はほとんど同じになってしまうために、網を張り込む高さについては、全く関心が持たれていません。

江蘇省での入札会では、出品された海苔の80%前後にしか札が入らないのです。2012~2013年の漁期は、比較的豊作であり、約47億枚の海苔が出されましたが、将来江蘇省での生産枚数は大幅に増えていくと考えられます。

第四章

世界中で食べられている海苔

江戸で生まれ、江戸で育った海苔

海苔は、江戸で生まれ、江戸で育てられた食品です。1590(天正18)年に、徳川家康が江戸城に幕府を移したのをきっかけに、江戸の町には大変な建築ブームが起こり、必要になったたくさんの職人が各地から集められてきました。葦原でしかなかった場所に生まれた江戸の町に、新しい食文化が作られていったのです。

その基礎には、それまでに行われてきた食生活の変化の流れが、大きなかかわりを持っています。その一つがご飯の炊き方です。それ以前は米を蒸した強飯《こわまい》でした。それが蒸すから炊く姫飯《ひめいい》に変わり、それまでの一日2食から3食になってきました。

やわらかなご飯に変わってきたために、にぎり寿司が生まれてきました。すでに関西の各地には、それぞれ独特の寿司がありましたが、それらはご飯と魚とを箱に詰めて重石をのせて発酵させた「なれずし」でした。ちょっと屋台に飛び込み、立ったままでつまんで済ませるような食事をしていた江戸の忙しい職人達にとって、出来上がるまでに時間がかかるような「なれずし」は、なじめませんでした。

酢をうった酢飯をにぎり、その上に魚をのせて一晩ならしておく筥鮨《はこずし》を経て、酢飯を魚と一緒ににぎり、すぐに食べるにぎりずしにまで姿を変えていきました。

このような新しい寿司が生まれた時期に、海苔も大きく変わってきたのです。徳川家康は、海岸に近い浅草を物流の拠点としましたので、多くの人々が集まっていました。浅草には、観音様を祀った浅草寺もあり、門前町の仲見世で売られていたのりが評判になり、よく売れるようになりましたので、海岸の杭や岩に生えていたノリを摘んでいただけでは、間に合わなくなってきました。このような需要の伸びがキッカケとなって、養殖が考えられるようになったのでしょう。

享保（1716～1735年）の頃から、浅い海に葉を落とした木の枝を束ねて立て、その上に生えてくるノリを摘むという方法で養殖が始められました。その結果、生産量は大きく増えてきました。

生産量が伸びますと、今度は新しい利用方法の開発につながっていきます。当時の浅草では、使った紙やボロ布を原料とした再生紙の製造が盛んに行われ、この抄き上げる、という方法をノリにも取り入れたのです。刻んだノリを水とともに簀の上にひろげて抄き上げて乾燥し紙のような製品に仕上げる方法が始められたのです。この抄き上げて乾燥した製品が乾し海苔であり「浅草海苔」と呼ばれるようになったのです。
浅草寺の境内で売られていた頃ののりは、摘んできたノリをひろげて乾したバラ干しの製品で、のり汁や炙《あぶ》り肴《ざかな》として食べられていたのですが、浅草海苔ができたために、にぎり寿司とのつながりが生まれ、天明（１７８１〜１７８８年）の頃から海苔巻きが売られるようになりました。

文化・文政（１８０４〜１８２９年）の頃になりますと、江戸にも新しい食文化が作られ独特の料理が生まれてきましたが、その中に色々な姿で海苔も取り込まれるようになりました。

一方で、庶民の間に海苔を入り込ませる大切な役目をしたのが「棒振り」と呼ばれていた人々でした。天秤棒をかついで江戸の町中に色々な物を売り歩いていた人です。年末から年始の頃、海苔が採れ始めるとその海苔をかついで売り歩いてくれたのです。この仕事をしていた人の多くが、海苔屋さんに冬の間手伝いに来ていた人と同じ長野県諏訪地方の方々だったのです。

江戸時代の食生活の中で、もう一つ大きな変化をしたものがあります。コメの搗《っ》き方も拝み搗きに変わってきたのです。杵を両手で頭の上にまで上げて米を搗く方法です。この搗き方でコメは白米にまでなっていきました。江戸にきていた職人達も、このような食べやすく、塩気のおかずが一つあれば美味しく食べられるコメを食べていましたので、ビタミンB群不足から起こる脚気に悩まされるようになってしまったのです。「江戸やまい」と呼ばれ、多くの人々を苦しめました。

私は、江戸の庶民に海苔が大切にされた原因として、海苔に含まれているビタミンB群によって「江戸やまい」が予防できることを、皆がそれとなく知っていたのではないか、と考えています。経験から生まれる庶民の知恵は計り知れません。記録には残っていなくともこのような可能性は十分にあると思います。

また、寿司を含めた海苔巻きが庶民の間にこれほどにまで急速に普及したかげには、上方の和歌山から千葉県の野田に伝えられた醤油が忘れられません。野田に伝えられた醤油醸造の技術が進んで、美味しくなりました。上方から運んでこなくとも、近くから味の良い醤油が手軽に入手できるようになりましたので、江戸独自の新しい食文化、寿司・天ぷら・ウナギのかば焼きなどが生まれてきたのです。

このように、海苔は江戸で生まれ、江戸で育った食品でしたので、関西の方々にとっては、馴染みの薄い食材となっていました。

料理の引き立て役

手巻きパーティーを開く時には、歯切れのよいパリパリ海苔を選んで頂きたいのですが、どんなお料理の味にも邪魔にならず、その味を引き立てる役目をしてくれるのが海苔なのです。

食べて美味しいと感じる要因として、体の中で不足してくると、それを補うために欲しいと感じるようになるとともに、それを食べた時には美味しいと感じます。のどが渇いた時、水が欲しくなり、その時に飲んだ水は美味しいのです。

また、健康を保つために必要な成分が含まれている食品も、それが不足していれば、食べた時に美味しさを感じるのではないでしょうか。

食べたご飯を消化して、体の健康が保ち続けられるようにするためには、ビタミンBの仲間がぜひとも必要になります。不足すると例えば前の項で述べたように、脚気となってしまいます。海苔一枚には、一個のおむすびのご飯を完全に消化できるだけのビタミンBの仲間がふくまれている、と言われています。そのため、ご飯と海苔を一緒に食べると、ご飯のデンプンが完全に消化され利用できるようになってくれるのです。
確かに、海苔は美味しいのですが、その美味しさは、他の食品の美味しさを邪魔するような強いものではなく、かえってほかの食品を美味しくしてしまう不思議な力を持っています。この力で、パーティーに出てくるお料理の全てを美味しくしてくれるのです。

もっとも、この時にも、醤油の助けが必要になりますが、和風の食材ばかりでなく、洋風の食材であっても、その味を美味しくしてくれます。例えば、チーズを海苔で巻いて食べた時のような場合です。また、こんがりと焼き上げたパンにバターを塗り、たっぷり醤油をつけた焼き海苔をのせた海苔トーストでも、海苔の風味をぞんぶんに生かし切ることができるのです。

新しい海苔料理

海苔は洋風の食材にも良くあって、それを美味しくしてくれます。
ご飯とみそ汁・焼き魚と漬物・海苔といった定番の使い方から完全に飛び出して、

全く違ったバター風味の料理を考え出して行く必要があります。

そのためには、まず、抄き上げた紙のような海苔から離れ、新しいバラ干しののりを考えて見てはどうでしょか。たしかに、一時バラ干しが盛んに作られた時がありましたが、いつの間にか下火になってしまいました。これは、バラ干しの製品をそのまま売っており、その先の使い方を消費者の方々に任せてしまったからではないでしょうか。ここまでつくりました、あとは勝手に考えて使って下さい、と言われても、新しい材料の使い方がすぐに思いつくわけもないのですから、買ってくださる方もなかったのではないでしょうか。

例えば、バラ干ししたのりを、弱火で焦がさないように炒めます。その際に、ゴマ油のようなクセのある油を使った時には好みの塩味をつけただけでよいでしょうが、サラダオイルのような油を使った時には、とりとめのない風味になってしまいますので、少量のカレー粉を振り掛けますと締まった味となり、美味しくなります。このような使い方までを海苔屋さんが考えだし、新しい製品を作りながらバラ干しを販売すれば、それ以上に上手な使い方を消費者の方々が考えて下さるのではないでしょうか。

また、バター風味の佃煮などはどうでしょうか。これも抄いた海苔を使う必要がない製品です。焼いたバラ干しののりにビーフ味・チキン味・ポーク味などなどの風味をつけた佃煮です。もちろん、少量の醤油を入れて隠し味としておきます。これをパンにつけて食べて頂くのです。ジャムのような甘い味が避けられるようになっている時代ですから、新しいローカロリーの食品になるのではないでしょうか。最初は値段が多少高くなっても、豊かな味のある高級品から作り始め、その分野の高級専門店に売り込んで店頭に並べてもらい、ローカロリーを謳い上げながら売って見てはどうでしょうか。

海苔屋さんにジャムを買いに来るお客様はいなのです。専門店にジャムを買いに来られたお客さまの目にとまるようにすればよいのです。なにもかも自分でやろうとしないで、それぞれ専門のお店に任せるといった姿勢が大切になりましょう。

伝統のある業界だけに、その枠を打ち壊して新しい分野を作るためには、大変な決断が必要になりましょうが、今それを実行して行かなければならないのではないでしょうか。

韓国での食べ方

韓国では少し前まで、海苔を各家庭で焼いていました。最初に聞いた話では、松葉をとってきて、それに塩味をつけたエゴマの油をつけて、海苔に塗ってから焼くとのことでした。一般家庭ではゴマ油が高すぎるので、エゴマ油を使っていたようです。日本と同じですが、最近は韓国でもご自分の家では焼かず、味付け海苔の製品を買ってくるようになってしまいました。

産業的に大量の枚数を製造するためには、なるべく短い時間で仕上げなければなりません。しかし、エゴマの油は乾燥しにくいので、乾燥に時間がかかってしまいます。そのため少量のゴマ油を混ぜて風味をつけたサラダオイルやオリーブオイルを使っています。比較的短時間で乾き上がってくれるためです。

まず、海苔を焼き、油を塗ってから適量の塩を振りかけてから、塗った油の乾燥となります。この乾燥が悪いと、油の変質によって賞味期間が短くなってしまいますので、十分に乾燥しなければなりません。しかし、それには長い時間がかかってしまい、時間当たりの製造枚数が少なくなってしまいます。どうしても、ギリギリの時間の乾燥になってしまいますので、販売店での商品の置き方が大切となり、強い西日が当たるような場所に置かれていると、短い時間で味が変わったりする危険が大きくなります。また、賞味期限を過ぎた商品も変質の危険が高くなりますので、回収しなければなりません。店に置いてもらえても、賞味期限近くになって回収して見なければ、利益が計算できない、との話があったほどです。

今では、色々な対処方法が考え出されていますので、これほど厳しい状態ではないと思いますが、韓国で消費の主流になっている油をつけた味付け海苔の歴史は、油の変質との戦いだったのです。

最近は、韓国でも細巻きの海苔巻きを市場で見かけるようになりました。これにも油を塗った味付け海苔が使われています。海苔巻きの場合には、あまり穴だらけでは体裁が悪くなってしまいますので、一枚2.8gほどの韓国では厚手の海苔が使われています。

少し前までは、朝ご飯を出す食堂に入ると、テーブルの真ん中に味付け海苔が山のようにつまれており、ご飯ばかりなく、出ている料理を包んで食べていたものでした。

また、最近は色々な種類の味付け海苔が作られるようになっており、日本では考えられないような、例えばカレー風味といった製品も作られています。このような点では、日本よりも数倍大胆な動きとなっています。

中国での食べ方

前にも述べたように、中国では北と南でそれぞれ違った種類ののりが養殖されており、全く違った食べ方となっています。

まず、南の壇紫菜です。丸いボッテリした厚手の海苔で、中国では昔から食べられていました。正月やお誕生日などのお祝いの日には紫菜湯（海苔スープ）がなくてはならない料理になっていますので、全国の食品店には必ず置いてあるほどです。

鶏や豚の肉などで味をつけたスープに、壇紫菜を焼かないままで小さくちぎって入れ、煮込んでいます。上海空港の食堂などでも、紫菜湯が食べられます。私が福建省で食べた紫菜湯は、福建省に多い小型のカキを使かったスープで、さっぱりして美味しい紫菜湯でした。

　また、北の青島のあるご家庭では、壇紫菜をちぎってゴマ油で炒めたものをお酒のつまみとして出して下さいました。火をつけると燃えるほど強い白酒によくあっており、つまみもお酒も美味しく楽しめました。

　一方、北の江蘇省の海苔は、日本と同じ品種でもあり、中国風に甘味の強い味をつけた味付け海苔が主流になっています。しかし中国では、この味付け海苔がスーパーなどでお惣菜のコーナーではなく、スナックのコーナーで販売されています。食事の時ではなく、テレビを見ながらつまむ、お菓子になっているようです。カロリーがなく、太る心配もないスナックになっているのです。

壇紫菜のスープ。カキと一緒に煮込んでいる。

イギリスでの食べ方

ロンドンから西に車で高速道路を飛ばして約3時間余り、ウエールズ地方にたどり着きます。古くは、炭鉱と紡績で栄えた地方でした。この地方では、昔からノリを食べていました。海岸に生えているノリを採ってきて、水で煮てから塩・コショウで味をつけ、肉料理などに添えて食べていました。朝の料理の定番だったとのことです。

20年ほど前からは、摘んできたノリを水で煮てから、缶詰にして「レイバーブレッド」の名前で販売しています。20社近くあったメーカーもだんだん減って、現在では2社となっており、近いうちの1社が止めそうなので、残った1社が頑張っている状態です。その会社も貝を加工した缶詰を製造するかたわらで、のりの注文がくるたびにそれに応じて製造しているような状態になっていました。

この付近では、沖を流れている海流の影響をうけて、海水の温度が一年を通して余り変化していません。気温も夏は涼しく、冬もそれほど寒くはなりません。しかも、夏は曇りの日が多くなり、強い日光が当たる日が少ないのです。そのため、冬ばかりでなく夏にもノリが生長し続けています。

日本にはない種類のノリで、多少硬くぬめりが少ないのりでした。

このノリも、バラ干ししてバター炒めやサラダオイルで炒め少量のカレー粉をかけたりすると、美味しいスナックになってくれますが、現地のメーカーさんには、そのような新製品を作る余力はありませんでした。ただ、一年中採り続けられますので、利用の仕方によっては、面白い展開が期待できるのではないでしょうか。

最近、スシバーや回転寿司の進出によって、海苔も多くの国々で食べられるようになりました。これを機会に、世界に通用するような海苔の利用方法を開発して、世界

ウエールズののりの缶詰。水で煮込んだノリを缶に詰めている。

の方々に海苔に親しんで頂ける機会を多くしたいものです。

第五章

これからの海苔養殖はどうすればいいのか

今まで述べてきたように、日本ののり養殖を始め、流通を含めた海苔業界は大変に厳しい状態に追い込まれています。これをどのようにして打ち破り、新しい体制に変えて行かなければならない大変な時期を迎えているのです。

とにかく、現在の紙のような海苔に形にこだわり、現在の検査基準・入札方法などの流通形態をそのままにしていたのでは、海苔業界の将来はないでしょう。全く新しい、味を中心とした検査基準に作り変え、美味しい海苔作りに努力している生産者の皆さんの苦労が報われるような体制作りが急務となっています。同時に、海苔屋さんもスーパーやお寿司屋さん、そして小売店の方々への働きかけを強めて、少しでも美味しい海苔を高い値段で使って頂けるよう努力して頂きたいものです。

この具体的な方法についての私案をお示ししたいと考えます。

現在での問題点

その前に、現在のり業界が抱えている問題点を整理しておきましょう。

現在、生産者の皆さんは、最も小型の機械でも1000万円近くするような全自動海苔抄製機を各自が持っているばかりでなく、それを使っている期間は一年に長くて90日、短い年には60日前後に過ぎないのです。そのため、抄き上げた海苔一枚当たりの製造原価が非常に高くなってしまい、今のような入札価格では、利益が大幅に少なくなっているのです。

これを解決するために、4～5人の生産者が一緒になってノリを育てるとともに、一台の全自動海苔抄製機で一緒に乾燥を行い、一台当たりの製造枚数を多くして製造原価を下げ、利潤を増やそうとする試みが行われています。

この協業によって、生産者での製造原価は下がりましたが、今度は機械メーカーさんが大変なことになってしまいました。今までは4～5人の生産者がそれぞれに全自動海苔抄製造機を持っていましたが、協業態勢になりますと、1台でよくなってしまいますので、必要になる機械の台数が大幅に減ってしまうのです。

機械メーカーさんは、それぞれある規模の会社であり、すでにその対策を講じているでしょうが、海苔業界だけを相手にしていては生きていけない時代になってしまいました。

一方、流通側は、生産される海苔の70％以上が業務用としておにぎりやお弁当用・

回転寿司用などとして使われています。また、家庭用の海苔も購入して下さるところが、量販店に集中してきています。そのために市場が数社の大手コンビニやスーパーに限られてしまっているのです。また、販売される枚数は少なくなってはいますが、贈答用の販売も、販売する量を多くしようとすれば、デパートなどに頼らざるを得ない状態になっています。

このような力関係から、大手のコンビニやスーパーそしてデパートなどに納める価格は、納入先の都合によって決められてしまい、海苔屋さんはただそれに従うだけといった状態になってしまいました。

販売する方は、安い方が売りやすくなりますので、安い価格を求めてきます。それに従わざるをえない海苔屋さんは、その価格に見合った値段で海苔を買うことになります。これが入札価格を低迷させている原因の一つになっています。この流れの一番川上にいる生産者の皆さんは、その余波の大部分を受けてしまう結果になってしまいます。

いくら燃料代や資材代が高くなって、製造原価が高くなっても、このように川下で、しかも海苔業界がおかれている状況とは全く無関係に納入価格が決められてしまうのですから、入札価格は上がらないのです。

ですから、生産者の皆さんが努力して美味しい海苔を作り上げた時に、その質に見合った価格で売ろうとするのであれば、現在の販売の流れとは違った方法を作り上げなければならないのです。もちろん、その他の海苔の販売先としては、現在の入札制度を利用し続けることになりますので、大切に守っていかなければなしません。

通信販売

今、私が考えている、生産者の方々が美味しい海苔をそれに見合った価格で販売する新しい手段の一つが第三章で提案した、消費者の皆さんに直接売る通信販売です。口で言うのは簡単ですが、生産者の皆さんにとっては、大変な時間と努力・我慢が必要になるばかりでなく、相当な危険も伴う手段です。

まず、他には無いと信じられるような美味しい海苔だけを集め、消費者の皆さんにその美味しさを表面に押し出しながら注文をとるのですが、その時、まずい海苔を混ぜないことです。この程度の味ならば……と、自分で基準を下げたりしますと、消費者からそっぽを向かれてしまいます。また、消費者から信用して頂き、この海苔ならば、と長く注文し続けて頂けるようになるまでには、少なくとも3年間はかかるのではないでしょうか。その間、何時も美味しい海苔を送り続けなければなりません。美味しい海苔が売り切れてしまったり、天候が悪くて美味しい海苔が採れなかった時には、販売を止めるべきであり、この海苔ならばなんとか……と一段下の海苔を送るようなことをしてはいけません。その代り、それなりの値段がつけられるのです。

また、消費者の方々からお小言を頂いた時やお褒めの連絡があった時などには、すぐにお詫びやお礼の連絡をして、お客様との交流を深める努力を惜しまないで下さい。特に、品切れになったりしてお断りする際には、時間をかけて十分にご説明し、納得して頂けるようにして下さい。その際にできた信頼によって、再び注文が頂ける糸がつながっていくのです。

同時に、海苔屋さんが美味しい海苔を生産者の皆さんから直接買うといった道も認めて頂きたいのです。どこにでも、職人気質の美味しい海苔作りに励んでおられる生産者の方がいらっしゃり、枚数は少ないのですが美味しい海苔を作っています。この海苔が生かされていないのです。小さな規模の海苔屋さんでも、少ない枚数であれば手が届くのです。もし、この道が開かれれば、熱心な生産者の方が作った美味しい海苔が、消費者の方々に直接売るよりは安くなるかもしれませんが、入札に出すよりは高い値段で売れるようになるはずなのです。

このような流れは、あくまでも脇道であり、やはり入札会が主流になる大切な筋道であることには変わりありません。

ただ、この場合でも組合にはそれなりの手数料を支払い、所属する組合の運営に障害が起こらないようにしなければなりません。

海苔の輸入

もう一つ、海苔の価格を低く抑えている原因があります。それが、韓国や中国からの海苔輸入です。２０１１年度には9億2千万枚、２０１２年度には13億4千万枚が輸入されており、２０１３年度の輸入枠は16億7千万枚となっています。海苔は輸入制限品目の一つになっており、輸入できる枚数が制限されています。その枚数は、毎年日本・韓国・中国の間での協議によって決められています。

日本国内では、２０１１～２０１２年の漁期に78億枚、２０１２～２０１３年の漁期には82億枚の海苔が生産されています。この枚数に比べれば輸入される枚数の比率は、２０１１～２０１２年度が約12％、２０１２～２０１３年度が16％となります。しかし、輸入される海苔のほとんどは業務用として使われていますので、国内での生産枚数の75％が業務用になるとして計算しますと２０１２～２０１３年度には、業務用に向けられている61億枚に対して輸入された枚数が13億４千万枚ですから、約22％、１／４近くが輸入海苔で占められていることになります。そのため、輸入海苔の価格が、日本の業務用の海苔価格に大きな影響を与えてしまうのです。

２０１２年度に輸入された海苔の総金額・総枚数から一枚当たりの単価を計算しますと、韓国が５・55円、中国が４・31円となります。これには関税の1.5円と諸経費0.5円が含まれています。もちろん、韓国でも中国でも物価が上がっています。特に中国での人件費は大幅に高くなっていますので、将来、輸入海苔の価格は大幅に上がってくることでしょう。この時に問題になるのが、日中韓で相談が始まっている、ＦＴＡ（自由貿易協定）です。もし、この協定が成立して、海苔の関税が安くなったりしますと、輸入される海苔の価格は上がっても、日本国内に流通する時の価格はさほど高くならないことになってしまいます。

このように考えてきますと、将来の価格もさほど上がらず安いまま、といった状態になりそうなので、当分は、業務用の値段を抑える原因になり続ける危険があります。

将来の海苔産業の姿は

このような状態を打ち砕き、発展させて行くためには、思い切った改革が必要になります。

例えば、海苔の検査ですが、生産者の方々から運び込まれた海苔をまず検査機で上中下の三種類に分け、それぞれのラインに流します。それぞれのラインで検査され、格づけされていく方法です。これならば、検査をする海苔が上なり中なりと限られた範囲に限られてしまいますので、比較的容易に検査ができるのではないでしょうか。また、ここでの検査では、良いものから順番をつけるのではなく、同じ品質の海苔を集めるようにするだけにすれば、経験がなくとも多少の訓練だけで検査ができるようになりましょう。上のラインに流れてきた海苔については、熟練した検査員が厳密な味を重視した検査をすればよいのです。その際、実際に口に入れて見ることも必要になりましょう。でも、美味しい海苔を選び出すのではなく、味の薄い海苔をはねるようにしてはどうでしょう。人間の舌はすぐ味になれてしまい、判断ができなくなってしまいます。しかし「味が薄い」という基準であれば、比較的なれにくいものの、長い時間正しい判断が続けられるようになるでしょう。

さて、これからが私の本当の夢です。実際に実現することは非常に難しいかも知れませんが、こんな方法はどうでしょうか。それは、中国での生産形態を多少改善させたものです。

まず、県といった単位の範囲に数社ずつ工場を作ります。その会社にすべての機械や冷凍庫などの設備を設け、養殖チームと製造チーム・販売チームを作ります。

漁期中には、養殖チームがノリ養殖を専門に担当します。摘まれたノリは、すぐに抄き上げて行きますが、同時に、その多くを水分量が20～40％になるまで脱水したのち、バラバラに広げて冷凍してしまいます。こうしておけば、冷凍庫の中のノリは一年近くもちますので、少しずつ出して抄き、製品にしていきます。

関西のように、焼き海苔をロール状に巻き上げた長い海苔も、バラ干しの海苔も、それぞれのお店との年間契約に従って製造すればよいのです。養殖チームは、春になれば仕事が無くなってしまいますが、製造チームの中に組み込まれて、製造や販売の仕事を続けます。

養殖ばかりでなく、加工・販売までを一つの会社が一貫して行うようにすれば、販売する海苔の価格が多少安くとも、十分な利益が生まれ安定した経営ができるはずです。

もちろん、この構想を実現するためには、多くの問題点があります。同じ時期に集中して生産されるノリを、どのようにして健康なままの状態で工場にまで集めるのか、集まったノリの相当量を冷凍するのですが、どのようにして効率よく短時間で20～40%にまで脱水するのか、どのようにしてそのノリをバラバラに広げるのか、などなど多く課題が残されています。しかし、これらは多少の工夫と投資によって解決できるでしょう。

しかし、この方法では美味しい海苔を作り続ける技術が途切れてしまいます。技術を持ち、美味しい海苔作りに情熱を持った生産者の方々には、今まで通りの方法での養殖を続けて頂けるような体制も残しておく必要もあります。現在まで受け継がれてきた優秀な技術は大切に残しながら、一方では、できる限り多くの枚数が挙げられるような体制作りが求められているのではないでしょうか。

たびたび述べてきたように、海苔業界に再び活気を吹き込み、元気を取り戻させるためには、現状を大胆に変えていかなければなりません。関係している生産者の方々・海苔屋さんが一緒になって話し合い、新しい方法を考え出し、一枚でも多く美味しい海苔を適正な価格で消費者の皆さんにお届けできる体制を作って頂きたいと考えます。

とにかく明日からでも少しずつでも改革を始める必要があります。一人でも多くの関係者が立ち上がり、実行し始めて下さい。そう、始めるのは今からなのです。

大房　剛（おおふさ つよし）

1926年 東京生まれ。1964年 山本海苔研究所の所長に就任。1998年退職。その間に「ノリのバイオリズムとのりの変質」の研究により農学博士（東北大学）。ノリの成長条件、海苔の変質の機構について解明を進めるとともに、海藻業界の指導にあたる。

主な著書は、シーベジタブル・健康のための海藻読本（講談社）1985年
のりおもしろ雑学事典（チクマ秀版社）1994年
図説・海苔業界の現状と将来（成山堂書店）2001年
海藻の栄養学・若さと健康の素（成山堂書店）2007年など。

海苔をまいにち食べて健康になる

2016年11月１日　初版発行

著者　大房　剛

発行　株式会社 キクロス出版
〒112-0012　東京都文京区大塚6-37-17-401
TEL.03-3945-4148　FAX.03-3945-4149

発売　株式会社 星雲社
〒112-0005　東京都文京区水道1-3-30
TEL.03-3868-3275　FAX.03-3868-6588

印刷・製本 株式会社 厚徳社

プロデューサー 山口晴之　デザイン 山家ハルミ

©Oofusa Tuyosi 2016 Printed in Japan

定価はカバーに表示してあります。　乱丁・落丁はお取り替えします。

ISBN978-4-434-22593-2 C0077

農学博士　**大森正司**

四六判並製・本文104頁／本体1,200円（税別）

だしは日本料理の基本です。そこでかつお節とだしについての最新情報を盛り込みながら、いろいろな角度から解説したのが本書です。３つの章から成っており、第１章はかつお節とだしに関する最新情報を中心に、食育や歴史についても触れます。第２章は健康に関してです。かつお節の栄養成分に始まり、かつお節やだしの効能効果について詳しく説明します。第３章はかつお節の製造についてです。節の種類やかつお節の作業工程、カビの役割についても解説しています。

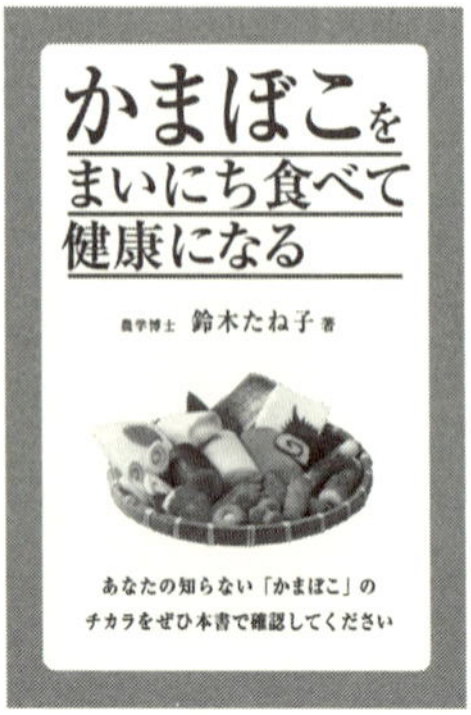

農学博士　**鈴木たね子**

四六判並製・本文108頁／本体1,200円（税別）

食事による健康法のなかで、科学的に立証され、世界で認められているのは、唯一、魚を食べると健康によいということです。魚の油の中の成分であるオメガー３脂肪酸が有効で、血液をさらさらにして心筋梗塞や脳梗塞を予防したり、脳を活性化したりするＥＰＡやＤＨＡがあります。そして鮮魚を料理して食べなくても、魚を食べるのと同じようにすばらしい健康効果を発揮する食物が水産ねり製品と呼ばれている「かまぼこ」で、その秘密は、この本の中にあります。